计算机基础与实训教材系列

中文版
Flash CC 2015动画制作

实用教程

梁栋 李倩 编著

清华大学出版社
北 京

内 容 简 介

本书由浅入深、循序渐进地介绍了 Adobe 公司最新推出的中文版 Flash CC 2015 的操作方法和使用技巧。全书共分为 11 章,分别介绍了 Flash CC 2015 基础,使用绘图工具,编辑图形操作,使用 Flash 文本,导入多媒体元素,使用元件、实例和库,使用帧和图层,制作常见 Flash 动画,使用 ActionScript 语言,使用 Flash 组件,Flash 影片的后期处理等内容。

本书内容丰富、结构清晰、语言简练、图文并茂,具有很强的实用性和可操作性,是一本适合于高等院校、职业学校及各类社会培训学校的优秀教材,也是广大初、中级电脑用户的自学参考书。

本书对应的电子教案、实例源文件和习题答案可以到 http://www.tupwk.com.cn/edu 网站下载。

本书封面贴有清华大学出版社防伪标签,无标签者不得销售。

版权所有,侵权必究。侵权举报电话:010-62782989 13701121933

图书在版编目(CIP)数据

中文版 Flash CC 2015 动画制作实用教程 / 梁栋,李倩 编著. —北京:清华大学出版社,2016
(计算机基础与实训教材系列)
ISBN 978-7-302-45295-9

Ⅰ. ①中… Ⅱ. ①梁… ②李… Ⅲ. ①动画制作软件—教材 Ⅳ. ①TP391.41

中国版本图书馆 CIP 数据核字(2016)第 253468 号

责任编辑:胡辰浩 袁建华
装帧设计:牛艳敏
责任校对:成凤进
责任印制:李红英

出版发行:清华大学出版社
   网 址:http://www.tup.com.cn,http://www.wqbook.com
   地 址:北京清华大学学研大厦 A 座   邮 编:100084
   社 总 机:010-62770175   邮 购:010-62786544
   投稿与读者服务:010-62776969,c-service@tup.tsinghua.edu.cn
   质 量 反 馈:010-62772015,zhiliang@tup.tsinghua.edu.cn
   课 件 下 载:http://www.tup.com.cn,010-62781730
印 刷 者:清华大学印刷厂
装 订 者:三河市溧源装订厂
经 销:全国新华书店
开 本:190mm×260mm 印 张:19.25 字 数:505 千字
版 次:2016 年 11 月第 1 版 印 次:2016 年 11 月第 1 次印刷
印 数:1~3500
定 价:39.00 元

产品编号:068314-01

编审委员会

丛 书 序

　　计算机已经广泛应用于现代社会的各个领域，熟练使用计算机已经成为人们必备的技能之一。因此，如何快速地掌握计算机知识和使用技术，并应用于现实生活和实际工作中，已成为新世纪人才迫切需要解决的问题。

　　为适应这种需求，各类高等院校、高职高专、中职中专、培训学校都开设了计算机专业的课程，同时也将非计算机专业学生的计算机知识和技能教育纳入教学计划，并陆续出台了相应的教学大纲。基于以上因素，清华大学出版社组织一线教学精英编写了这套"计算机基础与实训教材系列"丛书，以满足大中专院校、职业院校及各类社会培训学校的教学需要。

一、丛书书目

　　本套教材涵盖了计算机各个应用领域，包括计算机硬件知识、操作系统、数据库、编程语言、文字录入和排版、办公软件、计算机网络、图形图像、三维动画、网页制作以及多媒体制作等。众多的图书品种可以满足各类院校相关课程设置的需要。

　　⊙　已出版的图书书目

《计算机基础实用教程（第三版）》	《Excel 财务会计实战应用（第三版）》
《计算机基础实用教程(Windows 7+Office 2010 版)》	《Excel 财务会计实战应用（第四版）》
《新编计算机基础教程（Windows 7+Office 2010）》	《Word+Excel+PowerPoint 2010 实用教程》
《电脑入门实用教程（第三版）》	《中文版 Word 2010 文档处理实用教程》
《电脑办公自动化实用教程（第三版）》	《中文版 Excel 2010 电子表格实用教程》
《计算机组装与维护实用教程（第三版）》	《中文版 PowerPoint 2010 幻灯片制作实用教程》
《中文版 Office 2007 实用教程》	《Access 2010 数据库应用基础教程》
《中文版 Word 2007 文档处理实用教程》	《中文版 Access 2010 数据库应用实用教程》
《中文版 Excel 2007 电子表格实用教程》	《中文版 Project 2010 实用教程》
《中文版 PowerPoint 2007 幻灯片制作实用教程》	《中文版 Office 2010 实用教程》
《中文版 Access 2007 数据库应用实例教程》	《Office 2013 办公软件实用教程》
《中文版 Project 2007 实用教程》	《中文版 Word 2013 文档处理实用教程》
《网页设计与制作(Dreamweaver+Flash+Photoshop)》	《中文版 Excel 2013 电子表格实用教程》
《ASP.NET 4.0 动态网站开发实用教程》	《中文版 PowerPoint 2013 幻灯片制作实用教程》
《ASP.NET 4.5 动态网站开发实用教程》	《Access 2013 数据库应用基础教程》
《多媒体技术及应用》	《中文版 Access 2013 数据库应用实用教程》

《中文版 Office 2013 实用教程》	《中文版 Photoshop CC 图像处理实用教程》
《AutoCAD 2014 中文版基础教程》	《中文版 Flash CC 动画制作实用教程》
《中文版 AutoCAD 2014 实用教程》	《中文版 Dreamweaver CC 网页制作实用教程》
《AutoCAD 2015 中文版基础教程》	《中文版 InDesign CC 实用教程》
《中文版 AutoCAD 2015 实用教程》	《中文版 CorelDRAW X7 平面设计实用教程》
《AutoCAD 2016 中文版基础教程》	《中文版 Photoshop CC 2015 图像处理实用教程》
《中文版 AutoCAD 2016 实用教程》	《中文版 Flash CC 2015 动画制作实用教程》
《中文版 Photoshop CS6 图像处理实用教程》	《中文版 Dreamweaver CC 2015 网页制作实用教程》
《中文版 Dreamweaver CS6 网页制作实用教程》	《Photoshop CC 2015 基础教程》
《中文版 Flash CS6 动画制作实用教程》	《中文版 3ds Max 2012 三维动画创作实用教程》
《中文版 Illustrator CS6 平面设计实用教程》	《Mastercam X6 实用教程》
《中文版 InDesign CS6 实用教程》	《Windows 8 实用教程》
《中文版 CorelDRAW X6 平面设计实用教程》	《计算机网络技术实用教程》
《中文版 Premiere Pro CS6 多媒体制作实用教程》	《中文版 Premiere Pro CC 视频编辑实例教程》

二、丛书特色

1. 选题新颖，策划周全——为计算机教学量身打造

本套丛书注重理论知识与实践操作的紧密结合，同时突出上机操作环节。丛书作者均为各大院校的教学专家和业界精英，他们熟悉教学内容的编排，深谙学生的需求和接受能力，并将这种教学理念充分融入本套教材的编写中。

本套丛书全面贯彻"理论→实例→上机→习题"4 阶段教学模式，在内容选择、结构安排上更加符合读者的认知习惯，从而达到老师易教、学生易学的目的。

2. 教学结构科学合理、循序渐进——完全掌握"教学"与"自学"两种模式

本套丛书完全以大中专院校、职业院校及各类社会培训学校的教学需要为出发点，紧密结合学科的教学特点，由浅入深地安排章节内容，循序渐进地完成各种复杂知识的讲解，使学生能够一学就会、即学即用。

对教师而言，本套丛书根据实际教学情况安排好课时，提前组织好课前备课内容，使课堂教学过程更加条理化，同时方便学生学习，让学生在学习完后有例可学、有题可练；对自学者而言，可以按照本书的章节安排逐步学习。

3. 内容丰富，学习目标明确——全面提升"知识"与"能力"

本套丛书内容丰富，信息量大，章节结构完全按照教学大纲的要求来安排，并细化了每一章内容，符合教学需要和计算机用户的学习习惯。在每章的开始，列出了学习目标和本章重点，便于教师和学生提纲挈领地掌握本章知识点，每章的最后还附带有上机练习和习题两部分内容，教师可以参照上机练习，实时指导学生进行上机操作，使学生及时巩固所学的知识。自学者也可以按照上机练习内容进行自我训练，快速掌握相关知识。

4. 实例精彩实用，讲解细致透彻——全方位解决实际遇到的问题

本套丛书精心安排了大量实例讲解，每个实例解决一个问题或是介绍一项技巧，以便读者在最短的时间内掌握计算机应用的操作方法，从而能够顺利解决实践工作中的问题。

范例讲解语言通俗易懂，通过添加大量的"提示"和"知识点"的方式突出重要知识点，以便加深读者对关键技术和理论知识的印象，使读者轻松领悟每一个范例的精髓所在，提高读者的思考能力和分析能力，同时也加强了读者的综合应用能力。

5. 版式简洁大方，排版紧凑，标注清晰明确——打造一个轻松阅读的环境

本套丛书的版式简洁、大方，合理安排图与文字的占用空间，对于标题、正文、提示和知识点等都设计了醒目的字体符号，读者阅读起来会感到轻松愉快。

三、读者定位

本丛书为所有从事计算机教学的老师和自学人员而编写，是一套适合于大中专院校、职业院校及各类社会培训学校的优秀教材，也可作为计算机初、中级用户和计算机爱好者学习计算机知识的自学参考书。

四、周到体贴的售后服务

为了方便教学，本套丛书提供精心制作的 PowerPoint 教学课件(即电子教案)、素材、源文件、习题答案等相关内容，可在网站上免费下载，也可发送电子邮件至 wkservice@vip.163.com 索取。

此外，如果读者在使用本系列图书的过程中遇到疑惑或困难，可以在丛书支持网站(http://www.tupwk.com.cn/edu)的互动论坛上留言，本丛书的作者或技术编辑会及时提供相应的技术支持。咨询电话：010-62796045。

中文版 Flash CC 2015 是 Adobe 公司最新推出的专业化网页动画制作软件，目前正广泛应用于美术设计、网页制作、多媒体软件及教学光盘等诸多领域。近年来，随着 Internet 的日益盛行，越来越多的公司、单位及个人开始拥有自己的网站，方便地制作和处理网页图像和动画成为人们的迫切需要。新版本的 Flash CC 2015 在原有版本的基础上进行了诸多功能改进，增强了 Flash 编码和云操作技术，以便制作更丰富的网络 Flash 动画。

本书从教学实际需求出发，合理安排知识结构，从零开始、由浅入深、循序渐进地讲解了 Flash CC 2015 的基本知识和使用方法。本书共分为 11 章，主要内容如下。

第 1 章介绍 Flash CC 2015 基础，以及 Flash CC 2015 的界面和文档基础操作。

第 2 章介绍使用绘图工具绘制 Flash 图形的操作方法。

第 3 章介绍使用各种工具编辑 Flash 图形的操作方法。

第 4 章介绍使用 Flash 文本的操作方法。

第 5 章介绍导入多媒体元素的应用方法。

第 6 章介绍使用元件、实例和库的操作方法。

第 7 章介绍使用帧和图层制作 Flash 动画的操作方法。

第 8 章介绍制作常见 Flash 动画的操作方法，如补间形状动画、引导层动画、多场景动画等。

第 9 章介绍使用 ActionScript 语言的操作方法。

第 10 章介绍使用 Flash 组件的操作方法。

第 11 章介绍 Flash 影片后期处理的操作方法和常用技巧。

本书图文并茂、条理清晰、通俗易懂、内容丰富，在讲解每个知识点时都配有相应的实例，方便读者上机实践。同时在难于理解和掌握的部分内容上给出相关提示，让读者能够快速地提高操作技能。此外，本书配有大量综合实例和练习，让读者在不断的实际操作中更加牢固地掌握书中讲解的内容。

为了方便老师教学，我们免费提供本书对应的电子教案、实例源文件和习题答案，您可以到 http://www.tupwk.com.cn/edu 网站的相关页面上进行下载。

本书共分为 11 章，其中，梁栋编写了第 1~5 章，阜新高等专科学校的李倩编写了第 6~11 章。另外，参加本书编写的人员还有陈笑、曹小震、高娟妮、李亮辉、洪妍、孔祥亮、陈跃华、杜思明、熊晓磊、曹汉鸣、陶晓云、王通、方峻、李小凤、曹晓松、蒋晓冬、邱培强等。由于作者水平所限，本书难免有不足之处，欢迎广大读者批评指正。我们的邮箱是 huchenhao@263.net，电话是 010-62796045。

作　者
2016 年 10 月

推荐课时安排

章 名	重点掌握内容	教学课时
第 1 章 Flash CC 2015 基础	1. Flash 动画制作流程 2. Flash CC 2015 界面 3. Flash 文档基础操作	2 学时
第 2 章 使用绘图工具	1. 矢量图和位图 2. 使用自由绘制工具 3. 使用填充工具 4. 使用标准绘图工具 5. 使用查看和选择工具	3 学时
第 3 章 编辑图形	1. 编辑图形基础操作 2. 图形的变形和转换 3. 图形颜色调整 4. 使用 3D 变形工具	3 学时
第 4 章 使用 Flash 文本	1. 创建 Flash 文本 2. 编辑 Flash 文本 3. 添加 Flash 文本滤镜	2 学时
第 5 章 导入多媒体元素	1. 导入外部图形 2. 导入声音 3. 导入视频	2 学时
第 6 章 使用元件、实例和库	1. 使用元件 2. 使用实例 3. 使用库	2 学时
第 7 章 使用帧和图层	1. 帧的基本操作 2. 制作逐帧动画 3. 图层的基本操作	3 学时
第 8 章 制作常见 Flash 动画	1. 制作补间形状动画 2. 制作传统补间动画 3. 制作补间动画 4. 制作引导层动画 5. 制作遮罩层动画 6. 制作骨骼动画	4 学时

(续表)

章　名	重点掌握内容	教学课时
第9章　使用 ActionScript 语言	1. ActionScript 语言简介 2. ActionScrip 语言基础 3. 添加代码 4. 常用语句 5. 处理对象 6. 类和数组	4 学时
第10章　使用 Flash 组件	1. 组件的类型 2. 常用 UI 组件 3. 视频类组件	3 学时
第11章　Flash 影片的后期处理	1. 测试影片 2. 优化影片 3. 发布影片 4. 导出影片	2 学时

注：1. 教学课时安排仅供参考，授课教师可根据情况作调整。

2. 建议每章安排与教学课时相同时间的上机练习。

计算机 基础与实训教材系列

计算机基础与实训教材系列

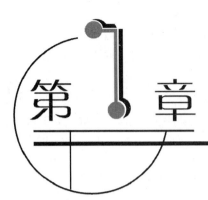

第 1 章

Flash CC 2015 基础

学习目标

　　Flash动画是目前流行的矢量动画，凭借诸多的优点，广泛应用于互联网、多媒体课件制作以及游戏软件制作等领域。Flash CC 2015是Adobe公司最新出品的一款多媒体矢量动画软件，在互联网、多媒体课件制作以及游戏软件制作等领域得到了广泛应用。本章将主要介绍Flash动画的特点，以及Flash CC 2015的界面和文档操作等内容。

本章重点

- ◉ Flash 动画应用
- ◉ Flash 动画制作流程
- ◉ Flash CC 2015 的界面
- ◉ Flash CC 2015 文档的基本操作

1.1 Flash 动画制作入门

　　Flash动画是一种以Web应用为主的二维动画形式，它可以通过文字、图片、视频、声音等综合手段展现动画意图，还可以通过强大的交互功能实现与动画观看者之间的互动。

1.1.1 Flash 动画概念

　　由于HTML语言的功能十分有限，无法达到人们的预期设计，以实现令人耳目一新的动态效果。在这种情况下，各种脚本语言应运而生，使得网页设计更加多样化。然而，程序设计总是不能很好地普及，因为它要求一定的编程能力，而人们更需要一种既简单直观又功能强大的动画设计工具，而Flash的出现正好满足了这种需求。

Flash是目前最优秀的二维动画制作软件之一。它是矢量图编辑和动画创作的专业软件，能将矢量图、位图、音频、动画和深层的交互动作有机地、灵活地结合在一起，创建美观、新奇、交互性强的动画。

Flash还可以通过为动画添加ActionScript动作脚本，使其实现特定的交互功能。由于Flash动画具有以流媒体方式进行播放，以及文件格式较小的特性，因此Flash不仅用于制作动画、游戏等，还广泛用于制作动态效果网页。网上已经有成千上万个Flash站点，可以说Flash已经渐渐成为交互式矢量的标准。Flash是一种比较简单易学的大众化制作软件，有一定计算机基础的人都能很容易上手。

在最新推出的Flash CC 2015版本中，Flash继承了Adobe公司一贯的设计风格，界面美观实用，功能比以前的版本更为强大。

与其他动画制作软件制作出的动画相比，Flash动画主要有以下几个特点。

- Flash 可使用矢量绘图。有别于普通位图图像的是，矢量图像无论放大多少倍都不会失真。因此，Flash 动画的灵活性较强，其情节和画面也往往更加夸张起伏，以便在最短的时间内传达出最深的感受。

- Flash 动画拥有强大的网络传播能力。由于 Flash 动画文件较小且是矢量图，因此它的网络传输速度优于其他动画文件。而其采用的流式播放技术，更可以使用户以边看边下载的模式欣赏动画。从而大大减少了下载等待时间。Flash 动画具有交互性，能更好地满足用户的需要。设计者可以在动画中加入滚动条、复选框、下拉菜单等各种交互组件，使观看者可以通过单击、选择等动作决定动画运行过程和结果，这一点是传统动画所无法比拟的。

- Flash 动画制作成本低，效率高。使用 Flash 制作的动画在减少了大量人力和物力资源消耗的同时，也极大地缩短了制作时间。Flash 动画拥有崭新的视觉效果。Flash 动画比传统的动画更加简易和灵巧，已经逐渐成为一种新兴的艺术表现形式。

- Flash 动画具有交互性，能更好地满足用户的需要。设计者可以在动画中加入滚动条、复选框、下拉菜单等各种交互组件，使观看者可以通过单击、选择等动作决定动画运行过程和结果，这一点是传统动画所无法比拟的。

- 平台广泛支持：任何安装有 Flash Player 插件的网页浏览器都可以观看 Flash 动画，在平板和手机等新兴多媒体平台上，也可以方便地使用 Flash 动画。

- Flash 动画在制作完成后可以把生成的文件设置成带保护的格式，这样就维护了设计者的版权利益。

1.1.2 Flash 动画应用领域

随着Internet网络的不断推广，Flash动画被延伸到了多个领域。不仅可以在浏览器中观看，还具有在独立的播放器中播放的特性，大部分多媒体光盘也使用Flash制作。Flash动画凭借生成文件小、动画画质清晰、播放速度流畅等特点，在以下诸多领域中都得到了广泛的应用。

- 制作多媒体动画故事：Flash 动画的流行正是源于网络，其诙谐幽默的演绎风格吸引了大量的网络观众。另外，Flash 动画比传统的 GIF 动画文件要小很多，在网络带宽局限的条件下，它更适合网络传输。如图 1-1 所示为多媒体动画故事片。

- 制作 Flash 游戏：Flash 动画有别于传统动画的重要特征之一在于其互动性。观众可以在一定程度上参与或控制 Flash 动画的进行，该功能得益于 Flash 拥有较强的 ActionScript 动态脚本编程语言。ActionScript 编程语言发展到 3.0 版本，其性能更强、灵活性更大、执行速度更快，从而用户可以利用 Flash 制作出各种有趣的 Flash 游戏，如图 1-2 所示。

图 1-1　制作多媒体动画

图 1-2　制作 Flash 游戏

- 制作教学课件：为了摆脱传统的文字式枯燥教学，远程网络教育对多媒体课件的要求非常高。复杂的课件在互动性方面有着很高的要求，它需要学生通过课件融入到教学内容中，就像亲身试验一样。利用 Flash 制作的教学课件，能够很好地满足这些用户的需要，如图 1-3 所示为 Flash 教学课件。

- 制作电子贺卡：在特殊的日子里，为亲朋好友制作一张 Flash 贺卡，将自己的祝福和情感融入其中，一定会让对方喜出望外。如图 1-4 所示的是使用 Flash 制作的生日贺卡。

图 1-3　制作课件

图 1-4　制作贺卡

- 制作网站广告：Flash 在网站广告方面必不可少，任意打开一个门户网站，基本上都可以看到 Flash 广告元素的存在。这是由于网站中的广告不仅要求具有较强的视觉冲击力，而且为了不影响网站正常运作，广告占用的空间应越小越好，Flash 动画可以满足以上条件，如图 1-5 所示为 Flash 网页广告。

- 制作网站元素：Flash 不仅是一种动画制作技术，同时也是一项功能强大的网站设计技术。现在大多数网站中都加入了 Flash 动画元素，借助其高水平的视听效果吸引浏览者的注意。设计者可以使用 Flash 制作网页动画，甚至制作出整个网站。如图 1-6 所示是使用 Flash 制作的一个商务网站。

图 1-5　制作网络广告　　　　　　　　　　　　　　图 1-6　制作网站

1.1.3　Flash 动画制作流程

　　Flash 动画的制作需要经过很多环节的处理，每个环节都相当重要。如果处理或制作不好，会直接影响动画效果。

　　要构建 Flash 应用程序，通常需要执行下列基本步骤。

- 计划应用程序：确定应用程序要执行哪些基本任务。
- 添加媒体元素：创建并导入媒体元素，如图像、视频、声音和文本等，如图 1-7 所示为插入一个视频媒体文件，其属性在【属性】面板中有详细信息。

图 1-7　添加视频文件

- 排列元素：在舞台上和时间轴中排列这些媒体元素，以定义它们在应用程序中显示的时间和显示方式。

● 应用特殊效果：根据需要应用图形滤镜(如模糊、发光和斜角)、混合和其他特殊效果，如图 1-8 所示为鸡图案上添加了投影滤镜效果。

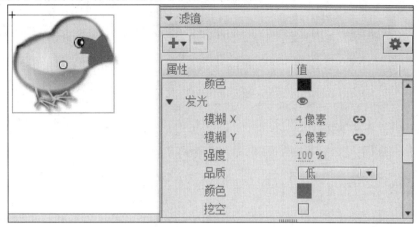

图 1-8　添加滤镜效果

● 使用 ActionScript 控制行为：编写 ActionScript 代码以控制媒体元素的行为方式，包括这些元素对用户交互的响应方式，如图 1-9 所示为在【动作】面板中添加了 ActionScript 代码。

图 1-9　【动作】面板中编写代码

● 测试并发布应用程序：进行测试以验证应用程序是否按预期工作，查找并修复所遇到的错误。在整个创建过程中应不断测试应用程序。 将 FLA 文件发布为可在网页中显示并可使用 Flash Player 播放的 SWF 文件。

 提示

根据项目和工作方式，可以根据实际的制作需求，选择不同的顺序执行制作步骤。

①.1.4 Flash CC 2015 新增功能

Flash CC 2015采用的是64位架构，只能安装在64位操作系统之上，这就给它带来了显著的性能提升。

1. 程序性能的提升

Flash CC 2015和以前Flash版本的关键改进就是性能的大幅提升，主要体现以下几个方面。

- 启动时间提速 10 倍。
- 发布 Flash 影片速度提高了很多。
- 时间轴拖动速度提高了 1 倍。
- 保存大型动画文件提速 7 倍。
- 能够更加快速地将元素导入到舞台和导入到库。
- 能够更快地打开 FLA 和 AS 文件。
- 使用绘图工具时更加流畅。
- 降低 CPU 占用率，减少电脑功耗。
- 增加云同步设置，将一台电脑上的程序设置进行备份，可以在别的电脑上使用该备份，提高了工作效率。

2. 全新的界面

Flash CC 2015简化的用户界面让用户清晰地关注影片内容。对话框和面板更直观和更容易浏览。

例如，【首选参数】对话框在新版本中得到充分改进。其中几个很少用到的选项已经被删除，大大提升了性能和效率。选择【编辑】|【首选参数】命令，打开【首选参数】对话框，如图1-10所示。在【常规】选项卡中的【用户界面】下拉列表中选择【深】选项，单击【确定】按钮。

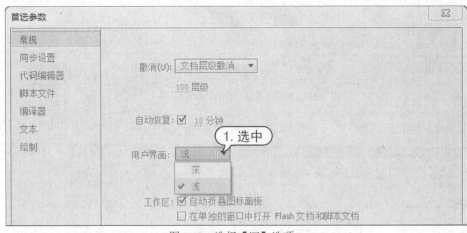

图1-10　选择【深】选项

此时，Flash CC的工作界面会变为深色，这种界面可以使用户更多地关注舞台内容，如图1-11所示。

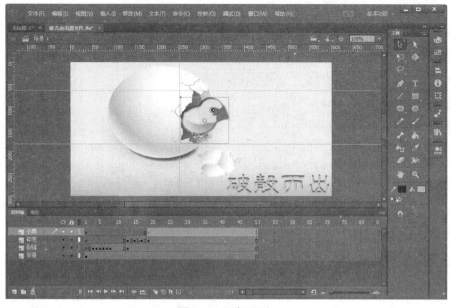

图 1-11　深色界面

此外，【键盘快捷键】对话框也经过了更新和简化，其可用性和性能都得到了提高，如图1-12所示。Flash CC 2015还对【动作】面板中的ActionScript编辑器进行了增强。如图1-13所示为打开的【动作】面板，其中操作面板和ActionScript编辑器都停放在单个窗口中，代码注释功能更加智能化，可以根据选择的单行或多行代码进行注释。

图 1-12　【键盘快捷键】对话框

图 1-13　【动作】面板

3. 改进工作效率

Flash CC 2015引入了一些重要功能，以改进用户设计动画时的工作效率。这些功能简化和加快了以往常见任务的速度。

- 新增的【分布到关键帧】功能，可以将对象分布到每个单独的关键帧，减少了手动的时间。
- 【交换元件】和【交换位图】功能允许交换多个元件和位图，在处理大量对象时，可以实现对象的快速复制，如图 1-14 所示为【交换元件】对话框。
- 【时间轴】面板新增了选项，可以为引导或遮罩图层类型选择多个图层。这使得管理和组织图层对象更加高效，如图 1-15 所示。
- 降低 CPU 占用率，减少电脑功耗。

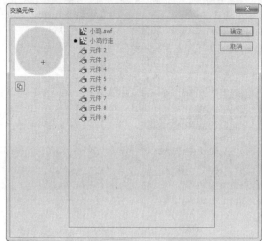

图 1-14　【交换元件】对话框　　　　　图 1-15　选择多个图层

①.2　Flash CC 2015 界面

　　用户要正确高效地运用Flash软件制作动画，首先需要熟悉Flash CC 2015的工作界面以及工作界面中各部分的功能。全新的Flash CC 2015用户界面能切换不同的工作区模式,满足用户的不同需要。

①.2.1　启动和退出软件

　　制作Flash 动画之前，首先要学会启动和退出Flash CC 2015程序。其步骤非常简单，下面将介绍启动和退出Flash CC 2015的相关操作。

1. 启动 Flash CC 2015

启动Flash CC 2015，可以执行以下操作步骤之一即可。

- 选择【开始】|【所有程序】|Adobe Flash Professional CC 2015 命令，如图 1-16 所示。

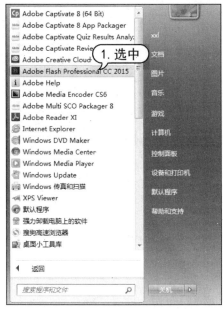

图 1-16　【所有程序】菜单

> **提示**
>
> 在【开始】菜单中的搜索框内输入 Adobe Flash Professional CC 2015，单击搜索出的程序选项，也可以启动程序。

- 在桌面上双击 Adobe Flash Professional CC 2015 程序的快捷方式图标 。
- 双击已经建立好的 Flash CC 2015 文档。

2. 退出 Flash CC 2015

如果要退出 Flash CC 2015，执行以下步骤之一即可。

- 在打开的软件界面中选择【文件】|【退出】命令，如图 1-17 所示。
- 右击软件界面左上角图标，在弹出的快捷菜单中选择【关闭】命令，如图 1-18 所示。
- 单击软件界面右上角的【关闭】按钮 ✕ 。

图 1-17　选择【退出】命令

图 1-18　选择【关闭】命令

计算机 基础与实训教材系列

1.2.2 欢迎屏幕

在默认情况下，启动 Flash CC 2015 会打开一个欢迎屏幕，通过它可以快速创建 Flash 文件和打开相关项目，如图 1-19 所示。

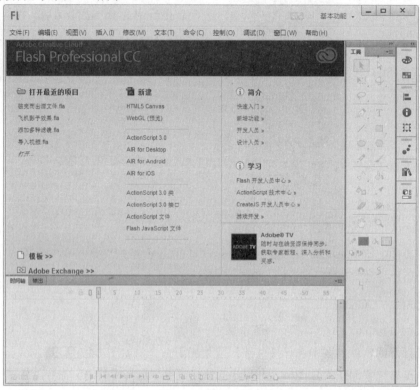

图 1-19　欢迎屏幕

欢迎屏幕上有几个选项列表，作用分别如下。

- 【打开最近的项目】：可以打开最近曾经打开过的文件。
- 【新建】：可以创建包括"Flash 文件"、"ActionScript 文件"等各种新文件。
- 【模板】：可以使用 Flash 自带的模板方便地创建特定的应用项目。
- 【简介】和【学习】：通过该栏项目列表可以打开对应的程序简介和学习页面。
- Adobe@TV：可以打开 Adobe Flash 的官方网站，获得专家教程和在线资源等。

1.2.3 标题栏

Flash CC 2015 的标题栏整合了菜单栏、窗口管理按钮、工作区切换按钮等界面元素，各个元素的作用分别如下。

- 菜单栏：Flash CC 2015 的菜单栏包括【文件】、【编辑】、【视图】、【插入】、【修改】、【文本】、【命令】、【控制】、【调试】、【窗口】与【帮助】下拉菜单。

- 工作区切换按钮：该按钮提供了多种工作区模式选择，包括【动画】、【调试】、【传统】、【设计人员】、【开发人员】、【基本功能】、【小屏幕】等选项。用户单击该按钮，在弹出的下拉菜单中选择相应的选项即可切换工作区模式，如图 1-20 所示。
- 窗口管理按钮：包括【最大化】、【最小化】和【关闭】按钮，和普通窗口的管理按钮一样。

图 1-20　切换工作区

提示

　　默认情况下，Flash CC 2015 以【基本功能】模式显示工作区。但对于进行某些高级设计时，在此工作区下并不能得到最大的效率，需要用户自己设置个性化的工作区。

如图 1-21 所示为 Flash CC 2015 的菜单栏。菜单栏中各个主菜单的主要作用分别如下。

图 1-21　菜单栏

- 【文件】菜单：用于文件操作，如创建、打开和保存文件等。
- 【编辑】菜单：用于动画内容的编辑操作，如复制、粘贴等。
- 【视图】菜单：用于对开发环境进行外观和版式设置，如放大、缩小视图等。
- 【插入】菜单：用于插入性质的操作，如新建元件、插入场景等。
- 【修改】菜单：用于修改动画中的对象、场景等动画本身的特性，如修改属性。
- 【文本】菜单：用于对文本的属性和样式进行设置。
- 【命令】菜单：用于对命令进行管理。
- 【控制】菜单：用于对动画进行播放、控制和测试。
- 【调试】菜单：用于对动画进行调试操作。
- 【窗口】菜单：用于打开、关闭、组织和切换各种窗口面板。
- 【帮助】菜单：用于快速获取帮助信息。

1.2.4　【工具】面板

Flash CC 2015 的【工具】面板包含了用于创建和编辑图像、图稿、页面元素的所有工具，如图 1-22 所示。使用这些工具可以进行绘图、选取对象、喷涂、修改和编排文字等操作。其中，一部分工具按钮的右下角有 图标，表示该工具里包含一组类型工具。

图 1-22　【工具】面板

> **提示**
>
> 　　【工具】面板默认将所有功能按钮竖排起来。如果用户认为这样排列在使用上不方便，可以拖动【工具】面板边框，扩大面板来调整按钮位置。

1.2.5　【时间轴】面板

时间轴用于组织和控制影片内容在一定时间内播放的层数和帧数，Flash影片将时间长度划分为帧。图层相当于层叠的幻灯片，每个图层都包含一个显示在舞台中的不同图像。时间轴的主要组件是图层、帧和播放头，如图1-23所示。

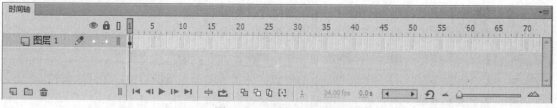

图 1-23　【时间轴】面板

在【时间轴】面板中，左边的上方和下方的几个按钮用于调整图层的状态和创建图层。在帧区域中，顶部的标题是帧的编号，播放头指示了舞台中当前显示的帧。在该面板底部显示的按钮用于改变帧的显示状态，指示当前帧的编号、帧频和到当前帧为止动画的播放时间等。

1.2.6　主要面板集

面板集用于管理Flash面板，它将所有面板都嵌入到同一个面板中。通过面板集，用户可以对工作界面的面板布局进行重新组合，以适应不同的工作需求。

1．面板集的操作

面板集的基本操作主要有以下几点。

● Flash CC 2015 提供了 7 种工作区面板集的布局方式，单击标题栏的【基本功能】按钮，在弹出下拉菜单中可以选择相应命令，即可在 7 种布局方式间切换。

● 除了使用预设的几种布局方式以外，还可以对面板集进行手动调整。可以拖动面板的标题栏进行任意移动，当被拖动的面板停靠在其他面板旁边时，会在其边界出现一个蓝边的半透明条。如果此时释放鼠标，则被拖动的面板将停放在半透明条的位置。如图 1-24 所示为使用鼠标将【样本】面板拖动到【工具】面板左侧。

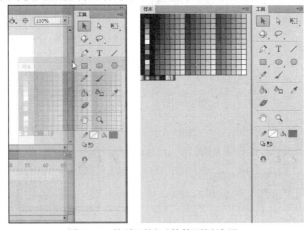

图 1-24　拖放面板至其他面板边界

● 将一个面板拖放到另一个面板中时，目标面板会呈现蓝色的边框。如果此时释放鼠标，被拖放的面板将会以选项卡的形式出现在目标面板中，如图 1-25 所示。

● 如果将需要的面板全部打开，会占用大量的屏幕空间。此时，可以双击面板顶端的标签处将其最小化。再次双击面板顶端的标签处，可将面板恢复原状。

● 当面板处于面板集中时，单击面板集顶端的【折叠为图标】按钮 ，可以将整个面板集中的面板以图标方式显示。再次单击该按钮则恢复面板的显示，如图 1-26 所示。

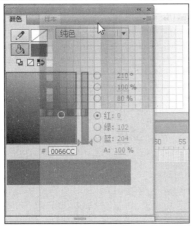

图 1-25　拖放面板至其他面板内部

图 1-26　折叠按钮

2. 其他常用面板

Flash CC 2015里比较常用的面板有【颜色】、【库】、【属性】、【变形】面板等。这几种常用面板简介如下。

- ⊙ 【颜色】面板：选择【窗口】|【颜色】命令，或按下 Ctrl+Shift+F9 组合键，可以打开【颜色】面板。该面板用于给对象设置边框颜色和填充颜色，如图 1-27 所示。
- ⊙ 【库】面板：选择【窗口】|【库】命令，或按下 Ctrl+L 组合键，可以打开【库】面板。该面板用于存储用户所创建的组件等内容，在导入外部素材时也可以导入到【库】面板中，如图 1-28 所示。

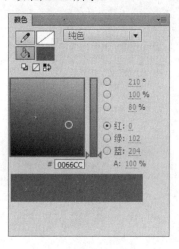

图 1-27 【颜色】面板

图 1-28 【库】面板

- ⊙ 【属性】面板：选择【窗口】|【属性】命令，或按下 Ctrl+F3 组合键，可以打开【属性】面板。根据用户选择对象的不同，【属性】面板中显示出不同的相应信息，如图 1-29 所示。
- ⊙ 【变形】面板：选择【窗口】|【变形】命令，或按下 Ctrl+T 组合键，可以打开【变形】面板。在该面板中，用户可以对所选对象进行放大与缩小、设置对象的旋转角度和倾斜角度以及设置 3D 旋转度数和中心点位置等操作，如图 1-30 所示。

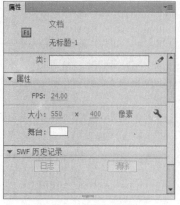

图 1-29 【属性】面板

图 1-30 【变形】面板

- ⦿ 【对齐】面板：选择【窗口】|【对齐】命令，或按 Ctrl+K 组合键，打开【对齐】面板。在该面板中，可以对所选对象进行对齐和分布的操作，如图 1-31 所示。
- ⦿ 【动作】面板：选择【窗口】|【动作】命令，或按下 F9 键，可以打开【动作】面板。在该面板中，左侧是路径目录形式，右侧是参数设置区域和脚本编写区域。用户在编写脚本时，可以在右侧编写区域中直接编写，如图 1-32 所示。

图 1-31　【对齐】面板

图 1-32　【动作】面板

1.2.7　舞台和工作区

　　舞台是用户进行动画创作的可编辑区域，可以在其中直接绘制插图，也可以在舞台中导入需要的插图、媒体文件等。其默认状态是一幅白色的画布。工作区是标题栏下的全部操作区域，包含了各个面板和舞台以及窗口背景区等元素，如图 1-33 所示。

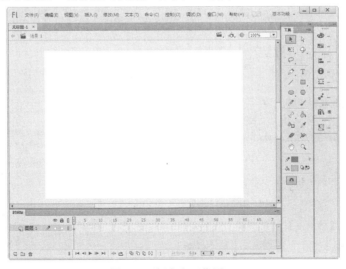

图 1-33　舞台和工作区

舞台最上端为编辑栏，包含了正在编辑的对象名称、编辑场景按钮 、编辑元件按钮 、舞台居中按钮 、缩放数字框等元素。在编辑栏的上边是标签栏，上面标示着文档的名字，如图1-34所示。

要修改舞台的属性，可选择【修改】|【文档】命令，打开【文档设置】对话框。根据需要修改舞台的尺寸大小、颜色、帧频等信息后，单击【确定】按钮即可，如图1-35所示。

图 1-34　编辑栏　　　　　　　　　　图 1-35　【文档设置】对话框

计算机基础与实训教材系列

舞台中还包含有辅助工具，用来在舞台上精确地绘制和安排对象，主要有以下几种。

- 标尺：标尺显示在设计区内文档的上方和左侧，用于显示尺寸的工具。用户选择【视图】|【标尺】命令，可以显示或隐藏标尺。如图 1-36 所示，围绕在舞台周围即是标尺工具。

- 辅助线：辅助线用于对齐文档中的各种元素。用户只须将光标置于标尺栏上方，然后向下拖动至执行区内，即可添加辅助线，如图 1-37 所示。

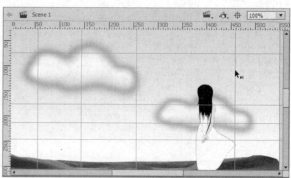

图 1-36　标尺　　　　　　　　　　　图 1-37　辅助线

知识点

选择【视图】|【辅助线】|【编辑辅助线】命令，可以打开【辅助线】对话框。在其中，可以设置辅助线的基本属性，包括颜色、贴紧方式和贴紧精确度等。

- 网格：网格是用来对齐图像的网状辅助线工具。选择【视图】|【网格】|【显示网格】命令，即可在文档中显示或隐藏网格线，如图 1-38 所示。

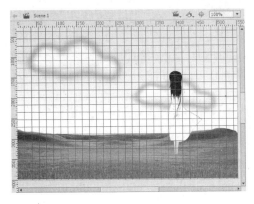

提示

选择【视图】|【网格】|【编辑网格】命令，则可以打开【网格】对话框设置网格的各种属性等。

图 1-38　网格

1.2.3　设置工作环境

为了提高工作效率，使软件最大程度地符合个人操作习惯，用户可以在动画制作之前先设置 Flash CC 2015 的首选参数和快捷键。

1. 设置首选参数

用户可以在【首选参数】对话框中对 Flash CC 2015 中的常规应用程序操作、编辑操作和剪贴板操作等参数选项进行设置。选择【编辑】|【首选参数】命令，打开【首选参数】对话框，如图1-39所示，可以在不同的选项卡设置不同的参数选项。

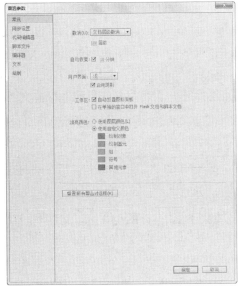

提示

在【首选参数】对话框的【类别】列表框中包含【常规】、【同步设置】等选项卡。这些选项卡中的内容基本包括了 Flash CC 2015 中所有工作环境参数的设置，根据每个选项旁的说明文字进行修改即可。

图 1-39　【首选参数】对话框

2. 自定义快捷键

使用快捷键可以使制作Flash动画的过程更加流畅，提高工作效率。在默认情况下，Flash CC 2015使用的是Flash 应用程序专用的内置快捷键方案，用户也可以根据自己的需要和习惯自定义快捷键方案。

选择【编辑】|【快捷键】命令，打开【键盘快捷键】对话框，可以在【命令】选项区域中设置具体操作对应的快捷键，如图1-40所示。

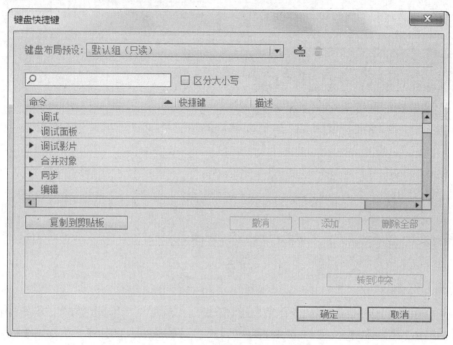

图1-40　【键盘快捷键】对话框

1.3　Flash 文档基础操作

使用Flash CC 2015可以创建新文档进行全新的动画制作，也可以打开以前保存的文档进行再次编辑。

1.3.1　Flash 文档格式

Flash CC 2015支持多种文件格式,良好的格式兼容性让Flash设计的动画可以满足不同软硬件的环境要求，如表1-1所示。

表 1-1　Flash CC 2015 支持的文件格式

文件格式拓展名	作用
FLA	该拓展名是 Flash 的源文件，可以在 Flash CC 2015 中打开和编辑
SWF	该拓展名是 FLA 文件发布后的格式，可以直接用 Flash 播放器播放
AS	该拓展名是 Flash 的 ActionScript 脚本文件
FLV	该拓展名是一种流媒体视频格式，可以用 Flash 播放器播放
ASC	该拓展名是 Flash CC 2015 的外部 ActionScript 通信文件，该文件用于客户端服务器应用程序
XFL	该拓展名是 Flash CC 2015 新增的开放式项目文件，包括 XML 元数据信息为一体的压缩包
FLP	该拓展名是 Flash CC 2015 的项目文件

 知识点

XFL 是创建的 FLA 文件的内部格式，在 Flash 中保存文件时，默认格式是 FLA，但文件的内部格式是 XFL。

1.3.2　新建 Flash 文档

使用Flash CC 2015可以创建新的文档或打开以前保存的文档，也可以在工作时打开新的窗口并且设置新建文档或现有文档的属性。

创建一个Flash动画文档有新建空白文档和新建模板文档这两种方式。

1. 新建空白文档

用户可以选择【文件】|【新建】命令，打开【新建文档】对话框进行新建文档操作。

【例1-1】在Flash CC 2015里新建一个空白文档。

(1) 启动 Flash CC 2015 程序，选择【文件】|【新建】命令，如图 1-41 所示。

(2) 打开【新建文档】对话框，在【常规】选项卡里的【类型】列表框中可以选择需要新建的文档类型。这里选择 ActionScript 3.0 文档类型，然后单击右侧的【背景颜色】色块，如图 1-42所示。

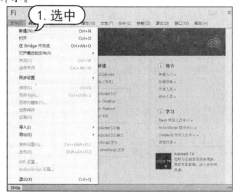

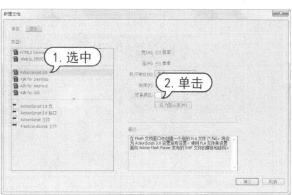

图 1-41　选择【文件】|【新建】命令　　　图 1-42　【新建文档】对话框

(3) 弹出调色面板，选取绿色，如图 1-43 所示，自动返回至【新建文档】对话框。单击【确定】按钮。

(4) 此时，即可创建一个名为【无标题-1】的空白文档，背景颜色为绿色，如图 1-44 所示。

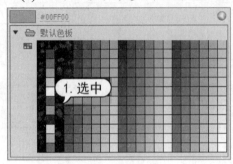

图 1-43　选择颜色　　　　　　　　　　　　　　图 1-44　创建文档

提示

默认第一次创建的文档名称为【无标题-1】，最后的数字符号是文档的序号。它是根据创建的顺序依次命名的。例如，再次创建文档时，默认的文档名称为【无标题-2】，依此类推。

2. 新建模板文档

除了创建空白的新文档外，还可以利用Flash CC内置的多种类型模板，快速地创建具有特定应用的Flash文档。

如果用户需要从模板新建文档，可以选择【文件】|【新建】命令。打开【新建文档】对话框后，单击【模板】选项卡。在【类别】列表框中选择创建的模板文档类别，在【模板】列表框中选择一种模板样式。然后单击【确定】按钮，即可新建一个模板文档。

【例1-2】在Flash CC 2015里使用模板新建一个文档。

(1) 启动 Flash CC 2015 程序，选择【文件】|【新建】命令，如图 1-45 所示。

(2) 打开【新建文档】对话框，选择【模板】选项卡。在【类别】中选择【动画】选项，在【模板】中选择【雨景脚本】选项，然后单击【确定】按钮，如图 1-46 所示。

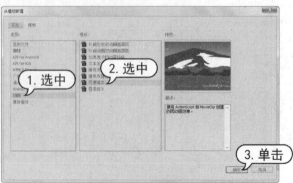

图 1-45　选择【文件】|【新建】命令　　　　　　图 1-46　【模板】选项卡

(3) 此时，新建一个由该模板产生的 Flash 文档，如图 1-47 所示。

图1-47　【键盘快捷键】对话框

1.3.3　打开和关闭 Flash 文档

选择【文件】|【打开】命令，打开【打开】对话框。选择要打开的文件，然后单击【打开】按钮，即可打开选中的Flash文档，如图1-48所示。

如果要同时打开了多个文档，单击文档标签，即可在多个文档之间切换，如图1-49所示。

图1-48　【打开】对话框

图1-49　单击文档标签

如果要关闭单个文档，只需要单击标签栏上的⊠按钮即可将该Flash文档关闭。如果要关闭整个Flash软件，只需单击界面上标题栏的【关闭】按钮即可，如图1-50所示。

图1-50　关闭 Flash 文档

1.3.4　保存 Flash 文档

　　在完成对Flash文档的编辑和修改后，需要对其进行保存操作。选择【文件】|【保存】命令，打开【另存为】对话框。在该对话框中设置文件的保存路径、文件名和文件类型后，单击【保存】按钮即可，如图1-51所示。

　　用户还可以将文档保存为模板进行使用，选择【文件】|【另存为模板】命令，打开【另存为模板】对话框。在【名称】文本框中输入模板的名称，在【类别】下拉列表框中选择类别或新建类别名称，在【描述】文本框中输入模板的说明，然后单击【保存】按钮，即以模板模式保存文档，如图1-52所示。

图 1-51　【另存为】对话框

图 1-52　【另存为模板】对话框

　　用户还可以选择【文件】|【另存为】命令，打开【另存为】对话框。按照直接保存的方法设置保存的路径和文件名，单击【保存】按钮，完成保存文档操作。

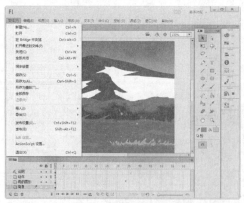

图 1-53　选择【文件】|【另存为】命令

> **提示**
>
> 　　这种保存方式主要是用来将已经保存过的文档进行重命名或修改保存路径操作。

1.4　上机练习

　　本章的上机练习为文档基本操作和设置工作界面这两个实例操作，用户通过练习从而巩固本章所学知识。

1.4.1　文档基本操作

打开【夜色】文档，将该文档另存为模板，并以新模板创建新文档。

(1) 启动 Flash CC 2015，选择【文件】|【打开】命令，打开【打开】对话框。选择要打开的文档"夜色"，单击【打开】按钮，打开文档，如图 1-54 所示。

图 1-54　打开 Flash 文档

(2) 选择【文件】|【另存为模板】命令，打开【另存为模板】对话框。在【名称】文本框中输入保存的模板名称为"夜未央"，在【类别】文本框中输入保存的模板类别为【动画】，在【描述】列表框中输入关于保存模板的说明内容。然后单击【保存】按钮，如图 1-55 所示。

(3) 关闭该文档，选择【文件】|【新建】命令，打开【新建文档】对话框。选择【模板】选项卡，在【类别】列表框里选择【动画】选项，在【模板】列表框里选择【夜未央】选项。然后单击【确定】按钮，如图 1-56 所示。

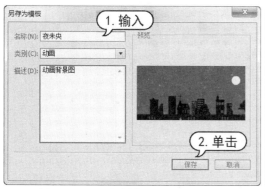
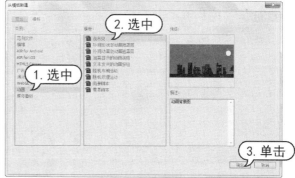

图 1-55　【另存为模板】对话框　　　　图 1-56　选择模板

(4) 选择【修改】|【文档】命令，打开【文档设置】对话框。在【帧频】文本框中输入数值15，设置【背景颜色】为红色，单击【确定】按钮，如图 1-57 所示。

(5) 此时，该文档的背景颜色改变为红色，效果如图 1-58 所示。

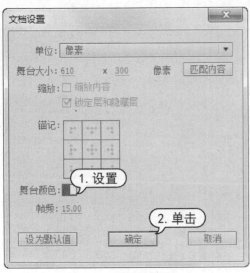

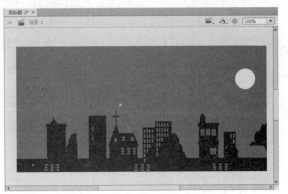

图 1-57　设置背景颜色　　　　　　　图 1-58　设置背景颜色为红色

(6) 选择【文件】|【保存】按钮，打开【另存为】对话框，修改文件名为"暮色"。单击【保存】按钮，如图 1-59 所示。

(7) 此时，文档保存为"暮色"文档，如图 1-60 所示。

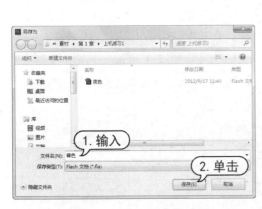

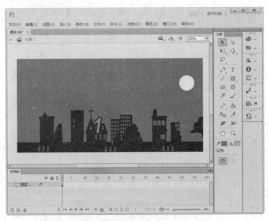

图 1-59　【另存为】对话框　　　　　　图 1-60　保存文档

1.4.2　设置工作界面

打开文档，新建工作区，进行设置工作界面的操作。

(1) 启动 Flash CC 2015，选择【文件】|【打开】命令，打开【打开】对话框。选择要打开的文档【圣诞树】，单击【打开】按钮，如图 1-61 所示。

(2) 此时，打开【圣诞树】文档，工作界面如图 1-62 所示。

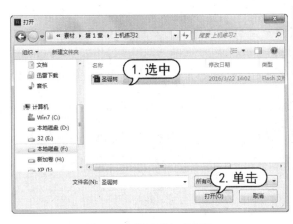

图 1-61　【打开】对话框　　　　　　　　　图 1-62　打开文档

(3) 在菜单栏中选择【窗口】|【工作区】|【新建工作区】命令，如图 1-63 所示。

(4) 打开【新建工作区】对话框，在【名称】文本框中输入工作区名称为"设置界面"，然后单击【确定】按钮，如图 1-64 所示。

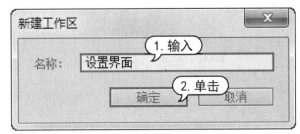

图 1-63　选择【新建工作区】命令　　　图 1-64　【新建工作区】对话框

(5) 选择【窗口】|【属性】命令，打开【属性】面板，拖动面板至文档底部位置。当显示蓝边的半透明条时释放鼠标，【属性】面板将停放在文档底部位置，如图 1-65 所示。

(6) 选择【窗口】|【颜色】命令，打开【颜色】面板，将【颜色】面板拖动到窗口右侧，当显示蓝边的半透明条时释放鼠标，【颜色】面板将停放在文档右侧位置，如图 1-66 所示。

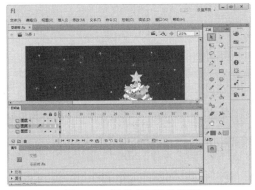
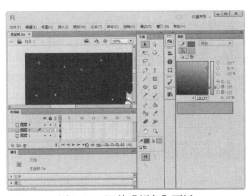

图 1-65　调整【属性】面板　　　　　　　图 1-66　调整【颜色】面板

(7) 选择【窗口】|【库】命令,打开【库】面板,拖动【库】面板到【颜色】面板的标题栏上。当显示蓝边的半透明条时释放鼠标,【库】面板将停放在【颜色】面板的里面,如图 1-67 所示。

(8) 选择【窗口】|【时间轴】命令,将【时间轴】面板拖动到最上面,最后的工作界面效果如图 1-68 所示。

图 1-67　调整【库】面板

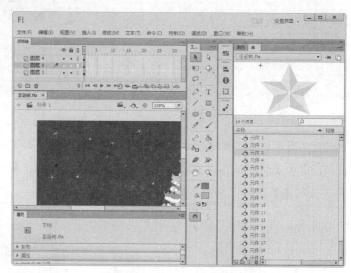

图 1-68　调整【时间轴】面板

1.5　习题

1. Flash 动画的应用领域有哪些?

2. Flash CC 2015 支持哪些文档?

3. 打开 Flash CC 2015 文档的方式有哪些?

4. 新建一个 Flash 空白文档,并自定义 Flash CC 2015 的工作环境。

使用绘图工具

学习目标

　　Flash CC 2015 提供了很多简单而强大的绘图工具来绘制矢量图形，可供用户绘制各种形状、线条以及填充颜色。本章将主要介绍各种矢量图绘制工具的使用方法，熟练运用这些工具就可以绘制出更多样式的动画图形。

本章重点

- ⦿　矢量图和位图
- ⦿　使用自由绘制工具
- ⦿　使用标准绘图工具
- ⦿　使用填充工具
- ⦿　使用查看工具
- ⦿　使用选择工具

②.1　Flash 图形的基本概念

　　绘制图形是创作 Flash 动画的基础。在学习绘制和编辑图形的操作之前，首先要对 Flash 中的图形有较为清晰的认识，包括位图和矢量图的区别，以及图形色彩的相关知识。

②.1.1　矢量图和位图

在 Flash CC 2015 中绘制的图形，通常分为位图图像和矢量图形两种类型。

1. 位图

位图，也叫做点阵图或栅格图像，是由称作像素(图片元素)的单个点组成的。当放大位图时，可以看见赖以构成整个图像的无数单个方块。扩大位图尺寸的效果是增多单个像素，从而使线条和形状显得参差不齐。简单地说，就是最小单位是由像素构成的图，缩放后会失真。如图 2-1 所示为将位图局部放大后显得模糊不清晰的状态。

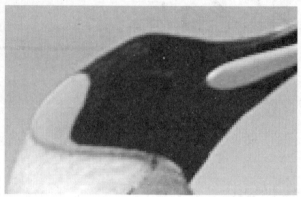

图 2-1　放大位图局部

位图是由像素阵列的排列来实现其显示效果的，每个像素有自己的颜色信息。在对位图图像进行编辑操作时，操作的对象是像素，用户可以改变图像的色相、饱和度、明度，从而改变图像显示效果。所以位图的色彩是非常艳丽的，常用于对色彩丰富度或真实感要求比较高的场所。

2. 矢量图

矢量图，也称为向量图。在数学上定义为一系列由直线或者曲线连接的点，而计算机是根据矢量数据计算生成的。所以，矢量图形文件体积一般较小，计算机在显示和存储矢量图的时候只是记录图形的边线位置和边线之间的颜色，而图形的复杂与否将直接影响矢量图文件的大小，与图形的尺寸无关。简单来说也就是矢量图是可以任意放大缩小的，在放大和缩小后图形的清晰度都不会受到影响，如图 2-2 所示为放大矢量图的局部。

图 2-2　放大矢量图局部

矢量图与位图最大区别在于：矢量图的轮廓形状更容易修改和控制，且线条工整并可以重复使用，但是对于单独的对象，色彩上变化的实现不如位图来的方便直接；位图色彩变化丰富，编辑位图时可以改变任何形状区域的色彩显示效果，但对轮廓的修改不太方便。

2.1.2　Flash 图形的色彩模式

在 Flash CC 2015 中对图形进行色彩填充，使图形变得更加丰富多彩。由于不同的颜色在色彩的表现上存在某些差异，根据这些差异，色彩被分为若干种色彩模式。在 Flash CC 2015 中，程序提供了两种色彩模式，分别为 RGB 和 HSB 色彩模式。

1. RGB 色彩模式

RGB 色彩模式是一种最为常见、使用最广泛的颜色模式，它是以色光的三原色理论为基础的。在 RGB 色彩模式中，任何色彩都被分解为不同强度的红、绿、蓝这 3 种色光，其中 R 代表红色，G 代表绿色，B 代表蓝色。

电脑的显示器就是通过 RGB 方式来显示颜色的，在显示器屏幕栅格中排列的像素阵列中每个像素都有一个地址。例如，位于从顶端数第 18 行、左端数第 65 列的像素的地址可以标记为(65, 18)，计算机通过这样的地址给每个像素附加特定的颜色值。每个像素都由单一的红色、绿色和蓝色的点构成，通过调节单个的红色、绿色和蓝色点的亮度，在每个像素上混合就可以得到不同的颜色。亮度都可以在 0~256 的范围内调节。因此，如果红色半开(值为 127)，绿色关(值为 0)，蓝色开(值为 255)，像素将显示为微红的蓝色。

2. HSB 色彩模式

HSB 色彩模式是以人体对色彩的感觉为依据的，它描述了色彩的 3 种特性。其中，H 代表色相，S 代表纯度，B 代表明度。HSB 色彩模式比 RGB 色彩模式更为直观，因为人眼在分辨颜色时，不会将色光分解为单色，而是按其色相、纯度和明度进行判断。由此可见，HSB 色彩模式更接近人的视觉原理。

2.1.3　Flash 常用的图形格式

使用 Flash CC 2015 可以导入多种图像文件格式，这些图像文件类型和相应的扩展名如表 2-1 所示。

表 2-1　Flash 常用图形格式

扩展名	文件类型
.eps、ai	Adobe Illustrator 文件
.dxf	AutoCAD DXF 文件
.bmp	位图文件
.fh7、.fh8、.fh9、.fh10、fh11	FreeHand 文件
.spl	FutureSplash 播放文件
.gif	GIF 和 GIF 动画
.jpg	JPEG 文件
.pct、.pic	PICT 文件
.png	PNG 文件
.swf	Flash Player 播放文件
.pntg	MacPaint 文件
.psd	Photoshop 文件
.pct、.pic	PICT 文件
.sgi	Silicon 图形图像
.tga	TGA 文件
.tif	TIFF 文件

②.2　使用自由绘制工具

Flash CC 2015 提供了强大的自由绘图工具，包括【线条工具】、【铅笔工具】、【钢笔工具】和【画笔工具】，用户使用这些工具可以绘制各种矢量图形。

②.2.1　使用【线条工具】

在 Flash CC 2015 中，【线条】工具主要用于绘制不同角度的矢量直线。

在【工具】面板中选择【线条工具】，将光标移动到舞台上，会显示为十字形状，向任意方向拖动，即可绘制出一条直线，如图 2-3 所示。按住 Shift 键，然后向左或向右拖动，可以绘制出水平线条，如图 2-4 所示。

图 2-3　绘制任意直线　　　　　　　　　　　图 2-4　绘制水平线条

同理，按住Shift键向上或向下拖动，可以绘制出垂直线条，如图2-5所示。按住Shift键斜向拖动可绘制出以45°为角度增量倍数的直线，如图2-6所示。

图 2-5　绘制垂直线条

图 2-6　绘制 45°夹角线条

选择【线条工具】 ╱ 以后，在菜单栏里选择【窗口】|【属性】命令，打开【线条工具】的【属性】面板，在该面板中可以设置线条填充颜色以及线条的笔触样式、大小等参数选项，如图2-7所示。

该面板主要参数选项的具体作用如下。

- 【填充和笔触】：可以设置线条的笔触和线条内部的填充颜色。
- 【笔触】：可以设置线条的笔触大小，也就是线条的宽度，拖动滑块或在后面的文本框内输入数值可以调节笔触大小。
- 【样式】：可以设置线条的样式，如虚线、点状线、锯齿线等。可以单击右侧的【编辑笔触样式】按钮 ╱ ，打开【笔触样式】对话框，如图 2-8 所示。在该对话框中可以自定义笔触样式。
- 【宽度】：可以设置线条的宽度，提供了 6 种宽度配置文件，绘制更多样式的线条。
- 【端点】：设置线条的端点样式，可以选择【无】、【圆角】或【方型】端点样式。
- 【接合】：可以设置两条线段相接处的拐角端点样式，可以选择【尖角】、【圆角】或【斜角】样式。

图 2-7　线条的【属性】面板

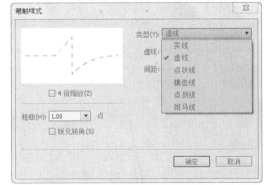

图 2-8　【笔触样式】对话框

2.2.2　使用【铅笔工具】

使用【铅笔】工具可以绘制任意线条，在【工具】面板选择【铅笔】工具 后，在所需位置按下鼠标左键拖动即可。在使用【铅笔工具】绘制线条时按住 Shift 键，可以绘制出水平或垂直方向的线条，如图 2-9 所示。这一点和【线条工具】相似。

选择【铅笔工具】后，在【工具】面板中会显示【铅笔模式】按钮 。单击该按钮，会打开模式选择菜单。在该菜单中，可以选择【铅笔工具】的绘图模式，如图 2-10 所示。

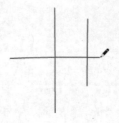

图 2-9 绘制水平垂直线条   图 2-10 铅笔绘图模式选项

【铅笔模式】选择菜单中 3 个选项的具体作用如下。

⊙ 【伸直】：可以使绘制的线条尽可能地规整为几何图形，如图 2-11 所示。

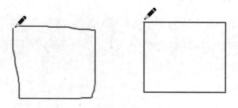

图 2-11 【伸直】模式

⊙ 【平滑】：可以使绘制的线条尽可能地消除线条边缘的棱角，使绘制的线条更加光滑，如图 2-12 所示。

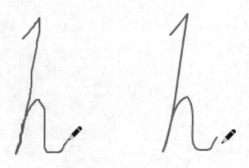

图 2-12 【平滑】模式

⊙ 【墨水】：可以使绘制的线条更接近手写的感觉，在舞台上可以任意勾画，如图 2-13 所示。

图 2-13 【墨水】模式

计算机基础与实训教材系列

💡 提示------

其中【伸直】模式用于绘制规则线条组成的图形，比如三角形、矩形等常见的几何图形。

2.2.3 使用【钢笔】工具

【钢笔工具】常用于绘制比较复杂、精确的曲线路径。"路径"由一个或多个直线段和曲线段组成，线段的起始点和结束点由锚点标记。使用【工具】面板中的【钢笔工具】，可以创建和编辑路径，以便绘制出需要的图形。

选择【钢笔工具】，当光标变为 ▶* 形状时，在舞台中单击确定起始锚点，再选择合适的位置单击确定第 2 个锚点。这时系统会在起点和第 2 个锚点之间自动连接一条直线。如果在创建第 2 个锚点时按下鼠标左键并拖动，会改变连接两个锚点直线的曲率，使直线变为曲线，如图 2-14 所示 。单击【钢笔】工具按钮，会弹出下拉菜单，包含【钢笔】、【添加锚点】、【删除锚点】和【转换锚点】工具，如图 2-15 所示。

■ ✐	钢笔工具(P)
+✐	添加锚点工具 (=)
✐	删除锚点工具 (-)
＼	转换锚点工具 (C)

图 2-14 绘制曲线 　　　　　图 2-15 【钢笔工具】组菜单

【钢笔工具】组中其他 3 种工具的作用如下。

◉ 　【添加锚点工具】：可以选择要添加锚点的图形，然后单击该工具按钮，在图形上单击即可添加一个锚点，如图 2-16 所示。

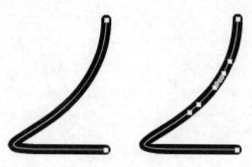

图 2-16　添加锚点

- ● 【删除锚点工具】：可以选择要删除锚点的图形，然后单击该工具按钮，在锚点上单击即可删除一个锚点。
- ● 【转换锚点工具】：可以选择要转换锚点的图形，然后单击该工具按钮，在锚点上单击即可实现曲线锚点和直线锚点间的转换，如图 2-17 所示。

图 2-17　转换锚点

计算机 基础与实训教材系列

【钢笔】工具在绘制图形的过程中，主要会显示以下几个绘制状态。

- ● 初始锚点指针 ：这是选中【钢笔】工具后，在设计区内看到的第一个光标指针，是创建新路径的初始锚点。
- ● 连续锚点指针 ：这是指示下一次单击鼠标将创建一个锚点，和前面的锚点以直线相连接。
- ● 添加锚点指针 ：用来指示下一次单击鼠标时在现有路径上添加一个锚点。添加锚点必须先选择现有路径，并且光标停留在路径的线段上而不是锚点上
- ● 删除锚点指针 ：用来指示下一次在现有路径上单击鼠标时将删除一个锚点，删除锚点必须先选择现有路径，并且光标停留在锚点上。
- ● 连续路径锚点 ：从现有锚点绘制新路径，只有在当前没有绘制路径时，光标位于现有路径的锚点的上面，才会显示该状态。
- ● 闭合路径指针 ：在当前绘制的路径起始点处闭合路径，只能闭合当前正在绘制的路径的起始锚点。

- 回缩贝塞尔手柄指针 ：当光标放在贝塞尔手柄的锚点上显示为该状态，单击则会回缩贝塞尔手柄，并将穿过锚点的弯曲路径变为直线段。
- 转换锚点指针 ：该状态将不带方向线的转角点转换为带有独立方向线的转角点。

💡 **提示**

要结束开放曲线的绘制，可以双击最后一个绘制的锚点，也可以按住 Ctrl 键单击舞台中的任意位置；要结束闭合曲线的绘制，可以移动光标至起始锚点位置上，当光标显示为 形状时在该位置单击，即可闭合曲线并结束绘制操作。

【例2-1】使用【钢笔工具】绘制一辆卡通车的图形。

(1) 启动 Flash CC 2015，新建一个文档。然后选择【文件】|【保存】命令，打开【另存为】对话框。将其命名为"使用钢笔工具绘图"，然后单击【保存】按钮，如图 2-18 所示。

(2) 选择【钢笔工具】，单击面板中的【属性】按钮，打开【属性】面板。设置笔触颜色为黑色，笔触大小设置为 2，如图 2-19 所示。

图 2-18　保存文档

图 2-19　设置笔触属性

(3) 在舞台中绘制汽车外形的轮廓，如图 2-20 所示。

(4) 继续使用【钢笔工具】，调整锚点，将汽车其他内饰和轮胎绘制出来，注意将线段连接起来，形成闭合图形，如图 2-21 所示。

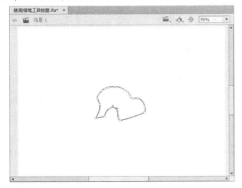

图 2-20　绘制轮廓

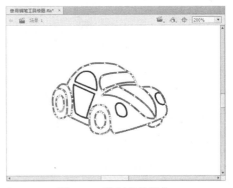

图 2-21　绘制其他部分

(5) 选择【文件】|【保存】命令，保存该文档。

②.2.4 使用【画笔工具】

在 Flash CC 2015 中，【画笔工具】✍️用于绘制形态各异的矢量色块或创建特殊的绘制效果。

选择【画笔工具】✍️，打开其【属性】面板，可以设置【画笔工具】的绘制大小、平滑度属性以及颜色等，如图 2-22 所示。

选择【画笔工具】，在【工具】面板中会显示【锁定填充】、【画笔模式】、【画笔大小】和【画笔形状】等选项按钮。这些选项按钮的作用分别如下。

- 【对象绘制】按钮◎：单击该按钮将切换到对象绘制模式。在该模式下绘制的色块是独立对象，即使和以前绘制的色块相重叠，也不会合并起来。
- 【锁定填充】按钮▦：单击该按钮，将会自动将上一次绘图时的笔触颜色变化规律锁定，并将该规律扩展到整个舞台。在非锁定填充模式下，任何一次笔触都将包含一个完整的渐变过程，即使只有一个点。
- 【画笔大小】按钮⁝：单击该按钮，会弹出下拉列表，有 8 种刷子的大小供用户选择，如图 2-23 所示。

图 2-22　画笔【属性】面板

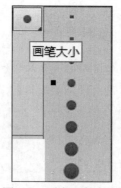

图 2-23　选择画笔大小

- 【画笔形状】按钮●：单击该按钮，会弹出下拉列表，有 9 种画笔的形状供用户选择，如图 2-24 所示。
- 【画笔模式】按钮◎：单击该按钮，会弹出下拉列表，有 5 种画笔的模式供用户选择，如图 2-25 所示。

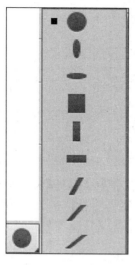

图 2-24　选择画笔形状

图 2-25　选择画笔模式

【画笔工具】的 5 种模式具体作用如下，其效果如图 2-26 所示。

- ⊙ 【标准绘画】模式：绘制的图形会覆盖下面的图形。
- ⊙ 【颜料填充】模式：可以对图形的填充区域或者空白区域进行涂色，但不会影响线条。
- ⊙ 【后面绘画】模式：可以在图形的后面进行涂色，而不影响原有线条和填充。
- ⊙ 【颜料选择】模式：可以对已选择的区域进行涂绘，而未被选择的区域则不受影响。在该模式下，无论选择区域中是否包含线条，都不会对线条产生影响。
- ⊙ 【内部绘画】模式：涂绘区域取决于绘制图形时落笔的位置。如果落笔在图形内，则只对图形的内部进行涂绘；如果落笔在图形外，则只对图形的外部进行涂绘；如果在图形内部的空白区域开始涂色，则只对空白区域进行涂色，而不会影响任何现有的填充区域。该模式不会对线条进行涂色。

【标准绘画】模式　　【颜料填充】模式　　【后面绘画】模式　　【颜料选择】模式　　【内部绘画】模式

图 2-26　5 种画笔模式效果

②.3　使用填充工具

绘制图形之后，即可进行颜色的填充操作。Flash CC 2015 中的填充工具主要包括【颜料桶工具】、【墨水瓶工具】、【滴管工具】、【橡皮擦工具】和【宽度工具】等。

②.3.1 使用【颜料桶工具】

在 Flash CC 2015 中，【颜料桶工具】用来填充图形内部的颜色，并且可以使用纯色、渐变色以及位图进行填充。

选择【工具】面板中的【颜料桶工具】，打开【属性】面板，在该面板中可以设置【颜料桶】的填充和笔触等属性，如图 2-27 所示。选择【颜料桶】工具，单击【工具】面板中的【空隙大小】按钮，在弹出的菜单中可以选择【不封闭空隙】、【封闭小空隙】、【封闭中等空隙】和【封闭大空隙】这 4 个选项，如图 2-28 所示。

图 2-27　颜料桶的【属性】面板

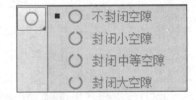

图 2-28　空隙模式菜单

该菜单 4 个选项的作用分别如下。

- ⊙ 【不封闭空隙】：只能填充完全闭合的区域。
- ⊙ 【封闭小空隙】：可以填充存在较小空隙的区域。
- ⊙ 【封闭中等空隙】：可以填充存在中等空隙的区域。
- ⊙ 【封闭大空隙】：可以填充存在较大空隙的区域。

4 种空隙模式的效果如图 2-29 所示。

原始图形　　【不封闭空隙】　　【封闭小空隙】　　【封闭中等空隙】　　【封闭大空隙】

图 2-29　4 种空隙模式效果

2.3.2　使用【墨水瓶工具】

在 Flash CC 2015 中，【墨水瓶工具】用于更改矢量线条或图形的边框颜色，更改封闭区域的填充颜色，吸取颜色等。

打开【属性】面板，可以设置【笔触颜色】、【笔触】和【样式】等选项，如图 2-30 所示。

选择【墨水瓶工具】，将光标移至没有笔触的图形上，单击鼠标，可以给图形添加笔触；将光标移至已经设置好笔触颜色的图形上，单击鼠标，图形的笔触会改为【墨水瓶工具】使用的笔触颜色，如图 2-31 所示。

图 2-30　墨水瓶【属性】面板

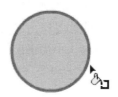

图 2-31　填充笔触颜色

2.3.3　使用【滴管工具】

在 Flash CC 2015 中，使用【滴管工具】，可以吸取现有图形的线条或填充上的颜色及风格等信息，并可以将该信息应用到其他图形上。

选择【工具】面板上的【滴管工具】，移至舞台中，光标会显示滴管形状；当光标移至线条上时，【滴管工具】的光标下方会显示出形状，这时单击即可拾取该线条的颜色作为填充样式；当【滴管工具】移至填充区域内时，【滴管工具】的光标下方会显示出形状，这时单击即可拾取该区域颜色作为填充样式，如图 2-32 所示。

图 2-32　【滴管工具】移至不同对象时的光标样式

提示

使用【滴管工具】拾取线条颜色时，会自动切换【墨水瓶工具】为当前操作工具，并且工具的填充颜色正是【滴管】工具所拾取的颜色。使用【滴管工具】拾取区域颜色和样式时，会自动切换【颜色桶工具】为当前操作工具，并打开【锁定填充】功能，而且工具的填充颜色和样式正是【滴管工具】所拾取的填充颜色和样式。

②.3.4 使用【橡皮擦工具】

在 Flash CC 2015 中，【橡皮擦工具】 就是一种擦除工具，可以快速擦除舞台中的任何矢量对象，包括笔触和填充区域。

选择【工具】面板中的【橡皮擦工具】。此时，在【工具】面板中会显示【橡皮擦】模式按钮 、【水龙头】按钮 和【橡皮擦形状】按钮 ，如图 2-33 所示。单击【水龙头】按钮可以快速删除笔触或填充区域；单击【橡皮擦形状】按钮将弹出下拉菜单，提供 10 种橡皮擦工具的形状。单击【橡皮擦模式】按钮，可以在打开的【模式选择】菜单中选择橡皮擦模式，如图 2-34 所示。

图 2-33　橡皮擦选项按钮　　　　图 2-34　橡皮擦模式

关于橡皮擦模式的功能如下，其效果如图 2-35 所示。

- ◉ 【标准擦除】模式：可以擦除同一图层中擦除操作经过区域的笔触及填充。
- ◉ 【擦除填色】模式：只擦除对象的填充，而对笔触没有任何影响。
- ◉ 【擦除线条】模式：只擦除对象的笔触，而不会影响到其填充部分。
- ◉ 【擦除所选填充】模式：只擦除当前对象中选定的填充部分，对未选中的填充及笔触没有影响。
- ◉ 【内部擦除】模式：只擦除【橡皮擦】工具开始处的填充，如果从空白点处开始擦除，则不会擦除任何内容。选择该种擦除模式，同样不会对笔触产生影响。

原始图形　　标准擦除　　擦除填色　　擦除线条　　擦除所选填充　　内部擦除

图 2-35　橡皮擦的 5 种擦除效果

> **提示**
>
> 【橡皮擦工具】只能对矢量图形进行擦除，对文字和位图无效。如果要擦除文字或位图，应先按 Ctrl+B 键将文字或位图打散，然后才能使用【橡皮擦工具】对其进行擦除。

②.3.5　使用【宽度工具】

在 Flash CC 2015 中，【宽度工具】可以针对"舞台"上的绘图加入不同形式和粗细的宽度。通过加入调节宽度，用户可以轻松地将简单的笔画转变为丰富的图案。

首先使用绘图工具绘制一个图形。例如，选择【铅笔工具】绘制一条直线，然后选择【工具】面板中的【宽度工具】，将光标移动到直线上显示为~ 形状时单击，出现一个锚点。拖动该点，将会拉宽该直线。拖动其余锚点，可以更改图形形状，如图 2-36 所示。

计算机 基础与实训教材系列

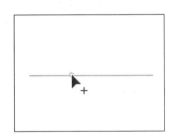 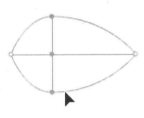 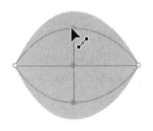

图 2-36　使用【宽度工具】调整图形

> **提示**
>
> 此前，Flash 只允许"实色笔画"制成补间动画。不过，用户现在可以将使用【宽度工具】创建的花式笔画制成补间动画。此外，Flash 现在还可让用户将预设或自订"宽度描述档"相关联的实色笔画制成补间动画。

【例2-2】使用填充工具填充图形颜色。

(1) 启动 Flash CC 2015 程序，打开【例 2-1】所制的【使用钢笔工具绘图】文档。然后选择【文件】|【另存为】命令，打开【另存为】对话框。将其命名为"填充图形"，然后单击【保存】按钮，如图 2-37 所示。

(2) 选择【颜料桶工具】，单击面板中的【属性】按钮，打开其【属性】面板。设置笔触线条为无，填充颜色为蓝色，如图 2-38 所示。

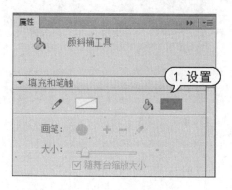

图 2-37　另存文档

图 2-38　设置颜料桶

(3) 单击汽车外壳部分，将其填充为蓝色，如图 2-39 所示。

(4) 选择【颜料桶工具】，更改填充颜色为黄色，单击车灯部分，如图 2-40 所示。

图 2-39　填充外壳

图 2-40　使用滴管吸取颜色

(5) 选择【滴管工具】，单击车灯黄色部分，吸取黄色，如图 2-41 所示。

(6) 当光标变为 形状时，单击车门部分，使车门的颜色和车灯的颜色一致，如图 2-42 所示。

图 2-41　单击车灯

图 2-42　单击车门

(7) 选择【墨水瓶工具】，设置笔触颜色为绿色，如图 2-43 所示。

(8) 此时，单击车窗轮廓，轮廓变为绿色，如图 2-44 所示。

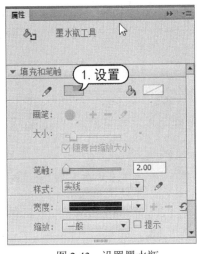

图 2-43　设置墨水瓶

图 2-44　单击车窗轮廓

(9) 选择【画笔工具】，打开其【属性】面板，设置画笔形状和大小。设置填充颜色为黑色，如图 2-45 所示。

(10) 在【工具】面板上单击【对象绘制】按钮，然后在【画笔模式】中选择【内部绘画】模式，该模式画笔涂色不会超出封闭线条范围以外。然后在汽车轮胎外圈内涂抹，最后填充好的图形如图 2-46 所示。

(11) 选择【文件】|【保存】命令，保存该文档。

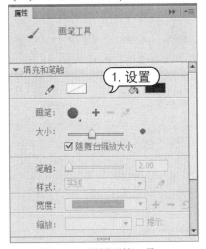

图 2-45　设置画笔工具

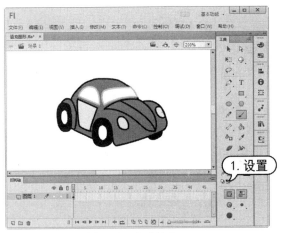

图 2-46　完成填充

②.4　使用标准绘图工具

Flash CC 提供了强大的标准绘图工具，使用这些工具可以绘制一些标准的几何图形，主要包括【矩形工具】和【基本矩形工具】、【椭圆工具】和【基本椭圆工具】，以及【多角星形工具】等。

2.4.1 使用【矩形工具】和【基本矩形工具】

【工具】面板中的【矩形工具】■.和【基本矩形工具】■用于绘制矩形图形，这些工具不仅能设置矩形的形状、大小、颜色，还能设置边角半径以修改矩形形状。

1. 【矩形工具】

选择【工具】面板中的【矩形工具】■.，在舞台中按住鼠标左键进行拖动，即可开始绘制矩形。如果按住 Shift 键，可以绘制正方形图形，如图 2-47 所示。选择【矩形工具】■后，打开其【属性】面板，如图 2-48 所示。

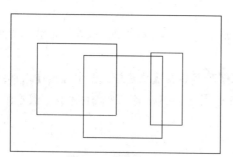

图 2-47 绘制矩形

图 2-48 【属性】面板

【矩形工具】【属性】面板的主要参数选项的具体作用如下。

● 【笔触颜色】🖉 ■：设置矩形的笔触颜色，也就是矩形的外框颜色。

● 【填充颜色】🖉 □：设置矩形的内部填充颜色。

● 【样式】：设置矩形的笔触样式。

● 【宽度】：设置矩形的宽度样式。

● 【缩放】：设置矩形的缩放模式，包括【一般】、【水平】、【垂直】、【无】这4 个选项。

● 【矩形选项】：文本框内的参数可以用来设置矩形的 4 个直角半径，正值为正半径，负值为反半径，如图 2-49 所示。

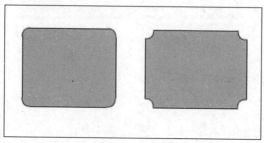

图 2-49 绘制正半径和反半径矩形

提示

单击【矩形选项】区里左下角的 按钮，可以为矩形的 4 个角设置不同的角度值。单击【重置】按钮将重置所有数值，即角度值还原为默认值 0。

2. 【基本矩形工具】

使用【基本矩形工具】 ，可以绘制出更加易于控制和修改的矩形形状。在【工具】面板中选择【基本矩形工具】后，在【属性】面板中设置属性，如图 2-50 所示。然后在舞台中按下鼠标左键并拖动，即可绘制出基本矩形。绘制完成后，选择【工具】面板中的【部分选取工具】 ，可以随意调节矩形图形的角半径，如图 2-51 所示。

图 2-50 【基本矩形工具】属性

图 2-51 使用【部分选取工具】调节矩形

2.4.2 使用【椭圆工具】和【基本椭圆工具】

【工具】面板中的【椭圆工具】和【基本椭圆工具】用于绘制椭圆图形，它和矩形工具类似，差别主要在于椭圆工具的选项中有关于角度和内径的设置。

1. 【椭圆工具】

选择【工具】面板中的【椭圆工具】 ，在舞台中进行拖动，即可绘制出椭圆。按住 Shift 键，可以绘制一个正圆图形，如图 2-52 所示。选择【椭圆工具】 后，打开【属性】面板，如图 2-53 所示。

图 2-52　绘制椭圆图形

图 2-53　椭圆【属性】面板

在该【属性】面板中的主要参数选项的具体作用与【矩形工具】属性基本相同，其中各选项的作用如下。

- ◉ 【开始角度】：设置椭圆绘制的起始角度，正常情况下，绘制椭圆是从 0 度开始绘制的。
- ◉ 【结束角度】：设置椭圆绘制的结束角度，正常情况下，绘制椭圆的结束角度为 0 度，默认绘制的是一个封闭的椭圆。
- ◉ 【内径】：设置内侧椭圆的大小，内径大小范围为 0~99。
- ◉ 【闭合路径】：设置椭圆的路径是否闭合。默认情况下选中该选项。取消选中该选项，要绘制一个未闭合的形状，只能绘制该形状的笔触，如图 2-54 和 2-55 所示。

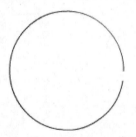

图 2-54　取消选中【闭合路径】选项绘制效果

图 2-55　选中【闭合路径】绘制效果

- ◉ 【重置】按钮：恢复【属性】面板中所有的选项设置，并将在舞台上绘制的基本椭圆形状恢复为原始大小和形状。

2. 【基本椭圆】工具

单击【工具】面板中的【椭圆工具】按钮，在弹出的下拉菜单中选择【基本椭圆工具】 。与【基本矩形工具】的属性类似，使用【基本椭圆工具】可以绘制出更加易于控制和修改的椭圆形状。

绘制完成后，选择【工具】面板中的【部分选取工具】 ，拖动基本椭圆圆周上的控制点，可以调整完整性，如图2-56所示；拖动圆心处的控制点可以将椭圆调整为圆环。

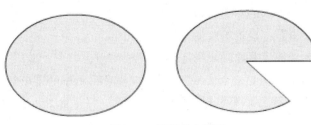

图 2-56　调整基本椭圆

2.4.3　使用【多角星形】工具

使用【多角星形工具】可以绘制多边形图形和多角星形图形。这些图形经常应用到实际动画制作过程中。选择【多角星形】工具后，将光标移动到舞台上进行拖动。系统默认是绘制出五边形。通过设置也可以绘制其他多角星形的图形，如图 2-57 所示。

图 2-57　绘制多角星形

选择【多角星形工具】后，打开【属性】面板，如图 2-58 所示。在该面板中的大部分参数选项与之前介绍的图形绘制工具相同。单击【工具设置】选项卡中的【选项】按钮，可以打开【工具设置】对话框，如图 2-59 所示。

图 2-58　多角星形【属性】面板　　　　图 2-59　【工具设置】对话框

【工具设置】对话框中的主要参数选项的具体作用如下。

⊙　【样式】：设置绘制的多角星形样式，可以选择【多边形】和【星形】选项。

◉ 【边数】：设置绘制的图形边数，范围为 3~32。

◉ 【星形顶点大小】：设置绘制的图形顶点大小。

【例 2-3】使用各种绘图工具绘制一个足球场阵容示意图。

(1) 启动 Flash CC 2015，新建一个文档。选中【工具】面板中的【矩形】工具 ■ 后，在属性面板中设置【笔触颜色】为橙色、【填充颜色】为草绿色、【笔触】为 5，如图 2-60 所示。

(2) 在舞台上绘制一个矩形，并调整其大小和位置，如图 2-61 所示。

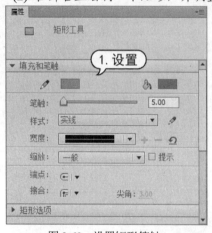

图 2-60　设置矩形笔触　　　　　　　　　　图 2-61　绘制矩形

(3) 选择【线条】工具 ／，在【属性】面板中设置【笔触颜色】为黑色、【笔触高度】为 2，在矩形图形中绘制球场和禁区图形，如图 2-62 所示。

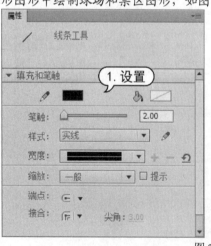
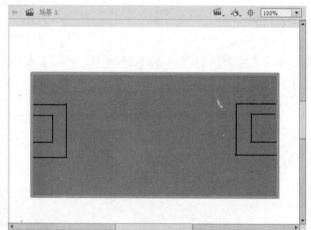

图 2-62　绘制线条

(4) 选择【椭圆】工具 ◯，按住 Shift 键，在球场中央绘制一个正圆图形。然后选择【线条】工具，绘制中线，如图 2-63 所示。

(5) 在【属性】面板中设置【开始角度】为 270、【结束角度】为 90，绘制左侧的大禁区弧顶。重复操作，设置【开始角度】为 90、【结束角度】为 270，绘制右侧的大禁区弧顶，如图 2-64 所示。

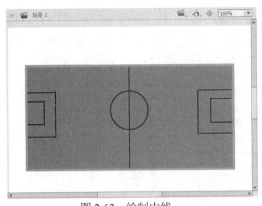

图 2-63　绘制中线

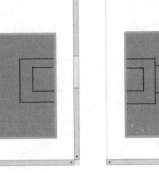

图 2-64　绘制大禁区弧顶

(6) 选择【铅笔】工具 ，调成【平滑】模式，绘制角球区。一个简易的足球场就绘制完成了，如图 2-65 所示。

(7) 在矩形中绘制一些红色的正圆代表球员，然后根据喜好来安排阵容，一个简单明了的足球阵容示意图就完成了，如图 2-66 所示。

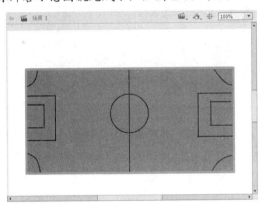

图 2-65　绘制角球区

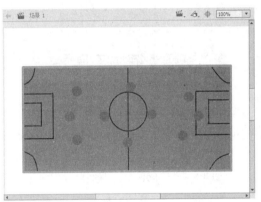

图 2-66　绘制圆形

②.5　使用查看工具

Flash CC 2015 中的查看工具分为【手形工具】和【缩放工具】，分别用来平移设计区中的内容、放大或缩小设计区显示比例。

②.5.1　使用【手形工具】

当视图被放大或者舞台面积较大，整个场景无法在视图窗口中完整显示时，用户要查看场景中的某个局部，就可以使用【手形工具】。

选择【工具】面板中的【手形工具】，将光标移动到舞台中。当光标实现为 形状时，进行拖动，可以调整舞台在视图窗口中的位置。如图2-67所示为使用【手形工具】移动舞台位置。

图 2-67　使用【手形工具】移动舞台

提示

使用【手形】工具时，只会移动舞台，而对舞台中对象的位置没有任何影响。

2.5.2　使用【缩放工具】

【缩放工具】 是最基本的视图查看工具，用于缩放视图的局部和全部。选择【工具】面板中的【缩放工具】，在【工具】面板中会出现【放大】按钮 和【缩小】按钮 。

单击【放大】按钮后，光标在舞台中显示 形状。单击可以按当前视图比例的 2 倍进行放大，最大可以放大到 20 倍，如图 2-68 所示。

单击【缩小】按钮，光标在舞台中显示 形状。在舞台中单击可以按当前视图比例的 1/2 进行缩小，最小可以缩小到原图的 4%。当视图无法再进行放大和缩小时，光标呈 形状，如图 2-69 所示。

图 2-68　放大视图　　　　　　　　　　　　图 2-69　缩小视图

此外，在选择【缩放】工具后，在舞台中以拖动矩形框的方式来放大或缩小指定区域，放大的比例可以通过舞台右上角的【视图比例】下拉列表框查看，如图2-70所示。

 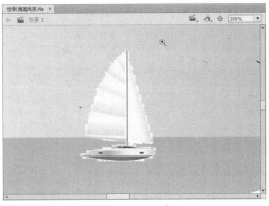

图 2-70　使用矩形框放大视图

2.6　使用选择工具

Flash CC 2015 中的选择工具可以分为【选择工具】、【部分选取工具】和【套索工具】，分别用来抓取、选择、移动和调整曲线；以及调整和修改路径和自由选定要选择的区域。

2.6.1　使用【选择工具】

选择【工具】面板中的【选择工具】，在【工具】面板中显示了【贴紧至对象】按钮、【平滑按钮】和【伸直按钮】，其各自的功能如下。

- 【贴紧至对象】按钮：选择该按钮，在进行绘图、移动、旋转和调整操作时将和对象自动对齐。
- 【平滑】按钮：旋转该按钮，可以对直线和开头进行平滑处理。
- 【伸直】按钮：选择该按钮，可以对直线和开头进行平直处理。

提示

平滑和伸直只适用于形状对象，对组合、文本、实例和位图都不起作用。

使用【选择工具】选择对象时，有以下几种方法。

- 单击要选中的对象即可选中。
- 进行拖动选取，可以选中区域中的所有对象。
- 有时单击某线条时，只能选中其中的一部分，可以双击选中线条。
- 按住 Shift 键，单击所需选中的对象，可以选中多个对象。

【选择】工具可以调整对象曲线和顶点。选择【选择】工具后，将光标移至对象的曲线位置，光标会显示一个半弧形状 ↖，可以拖动调整曲线。要调整顶点，将光标移至对象的顶点位置，光标会显示一个直角形状 ↴，可以拖动调整顶点，如图 2-71 所示。

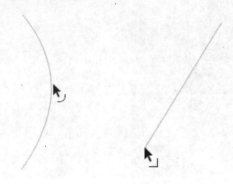

图 2-71　调整曲线和顶点

使用【选择工具】，将光标移至对象轮廓的任意转角上，光标会显示一个直角形状 ↴，可以延长或缩短组成转角的线段并保持伸直，如图 2-72 所示。

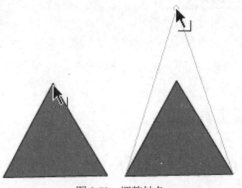

图 2-72　调整转角

②.6.2　使用【部分选取工具】

【部分选取工具】↖主要用于选择线条、移动线条和编辑节点以及节点方向等。它的使用方法和作用与【选择】工具 ↖ 类似。区别在于，使用【部分选取工具】选中一个对象后，对象的轮廓线上将出现多个控制点(锚点)，表示该对象已经被选。

在使用【部分选取工具】选中对象之后，可对其中的控制点进行拉伸或修改曲线，具体操作如下。

- ◉ 移动控制点：选择的图形对象周围将显示出由一些控制点围成的边框，用户可以选择其中的一个控制点。此时，光标右下角会出现一个空白方块 ↘，拖动该控制点，可以改变图形轮廓，如图 2-73 所示。

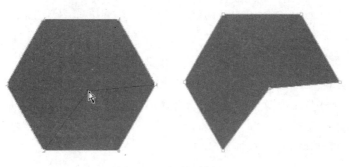

图 2-73 移动控制点

● 改变控制点曲度：可以选择其中一个控制点来设置图形在该点的曲度。选择某个控制点之后，按住 Alt 键移动，该点附近将出现两个在此点调节曲形曲度的控制柄。此时空心的控制点将变为实心，可以拖动这两个控制柄，改变长度或者位置以实现对该控制点的曲度控制，如图 2-74 所示。

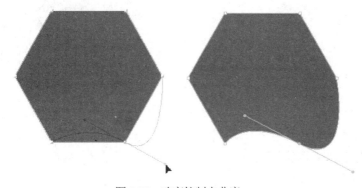

图 2-74 改变控制点曲度

● 移动对象：使用【部分选取】工具靠近对象，当光标显示黑色实心方块 时，将对象拖动到所需位置即可，如图 2-75 所示。

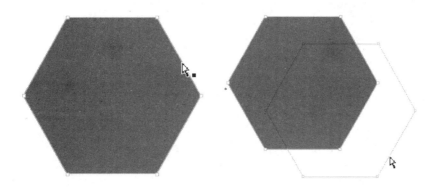

图 2-75 移动对象

【例2-4】使用【部分选取工具】修改图形。

(1) 启动 Flash CC 2015，打开"素材"文档。在【工具】面板上选择【部分选取工具】 ，单击图形的旗帜矩形边缘，显示形状的路径，如图 2-76 所示。

(2) 单击【钢笔工具】按钮，在下拉菜单中选择【转换锚点工具】，按住矩形对象上边缘中间的锚点移动，显示锚点的方向手柄，然后选择【部分选取工具】，按住手柄并移动鼠标调整路径的形状，如图 2-77 所示。

图 2-76　显示形状的路径

图 2-77　调整锚点

(3) 使用上面的方法，使用【转换锚点工具】拉出矩形对象下边缘中间锚点的方向手柄。然后选择【部分选取工具】，按住手柄并移动鼠标调整下边缘路径的形状，如图 2-78 所示。

(4) 选择【文件】|【另存为】命令，打开【另存为】对话框，将该文档命名为"使用【部分选取工具】"加以另存，如图 2-79 所示。

图 2-78　调整形状

图 2-79　另存文档

②.6.3　使用【套索工具】

【套索工具】 主要用于选择图形中的不规则区域和相连的相同颜色的区域。单击【套索】工具 ，会弹出下拉菜单。可以选择【套索工具】、【多边形工具】、【魔术棒】选项，如图2-80所示。

图 2-80　【套索工具】各选项

◉ 使用【套索工具】：【套索工具】可以选择图形对象中的不规则区域，在图形对象上进行拖动，并在开始位置附近结束拖动，形成一个封闭的选择区域；或在任意位置释放鼠标，系统会自动用直线段来闭合选择区域，如图 2-81 所示。

◉ 使用【多边形工具】：【多边形工具】可以选择图形对象中的多边形区域。在图形对象上单击设置起始点，并依次在其他位置上单击，最后在结束处双击即可，如图 2-82 所示。

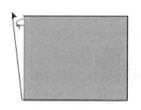

图 2-81　使用【套索工具】　　　　　　　图 2-82　使用【多边形工具】

◉ 使用【魔术棒】：【魔术棒】可以选中图形对象中相似颜色的区域(必须是位图分离后的图形)，如图 2-83 所示。选择【魔术棒】后，单击面板上的【属性】按钮，打开其【属性】面板，如图 2-84 所示。

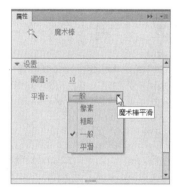

图 2-83　使用【魔术棒】　　　　　　　图 2-84　魔术棒【属性】面板

【魔术棒】属性面板中各选项的作用分别如下。

◉ 【阈值】：可以输入【魔术棒】选取颜色的容差值。容差值越小，所选择的色彩的精度就越高，选择的范围就越小。

⊙ 【平滑】下拉列表：可以选择【魔术棒】选取颜色的方式。在下拉列表中可选择【像素】、【粗略】、【一般】和【平滑】这 4 个选项。这些选项分别代表选择区域边缘的平滑度。

提示 -----------------------

使用【套索】工具勾画选取范围的过程中，按下 Alt 键，可以在勾画直线和勾画不规则线段这两种模式之间进行自由切换。要勾画不规则区域时直接在图形对象上拖动；要勾画直线时，按住 Alt 键单击设置起始和结束点即可。

②.7 上机练习

本章的上机练习主要是绘制小鸟图形，从而使用户更好地掌握 Flash CC 2015 的绘制图形工具的应用，以及填充颜色等一系列操作内容。

(1) 启动 Flash CC 2015，选择【文件】|【新建】命令，新建一个 Flash 文档。

(2) 选择【文件】|【导入】|【导入到舞台】命令，打开【导入】对话框。选中 "草地" 文件，单击【打开】按钮，如图 2-85 所示。

(3) 将草地图形导入到舞台中，并调整其位置，如图 2-86 所示。

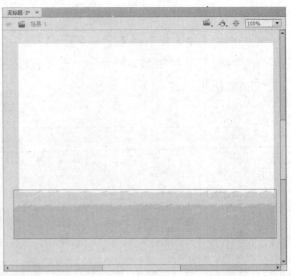

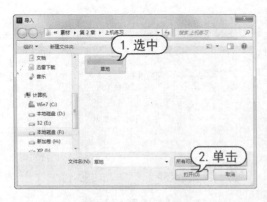

图 2-85 【导入】对话框　　　　　　　　　图 2-86 调整图形位置

(4) 选择【修改】|【文档】命令，打开【文档设置】对话框，设置【背景颜色】为天蓝色，然后单击【确定】按钮，如图 2-87 所示。

(5) 此时，舞台颜色变为天蓝色，如图 2-88 所示。

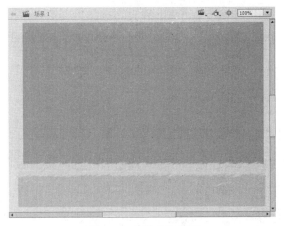

图 2-87 【文档设置】对话框　　　　　　　　　图 2-88 舞台变为天蓝

(6) 在【工具】面板上选择【缩放工具】，将视图放大到300%。选择【钢笔工具】，打开其【属性】面板，设置笔触颜色为桃红色，如图 2-89 所示。

(7) 在舞台中绘制小鸟的外形轮廓线，然后再使用【工具】面板上的【选择工具】和【部分选取工具】对其进行调整。最后外形轮廓线如图 2-90 所示。

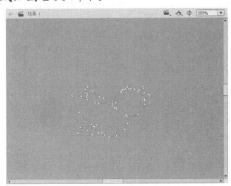

图 2-89 设置钢笔属性　　　　　　　　　图 2-90 绘制外形

(8) 选择【颜料桶工具】，打开其【属性】面板，将填充颜色设置为桃红色。单击舞台中小鸟轮廓线的内部，即可填充小鸟内部颜色，如图 2-91 所示。

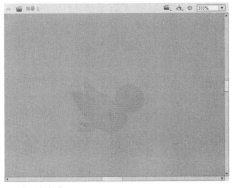

图 2-91 添加填充色

(9) 使用相同的方法，改变鸟身上的填充颜色，如图 2-92 所示。

(10) 使用相同方法，运用【钢笔工具】和【颜料桶工具】，绘制小鸟翅膀的花边和肚皮颜色，如图 2-93 所示。

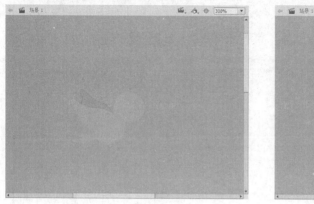

图 2-92　填充颜色　　　　　　　　　　图 2-93　填充颜色

(11) 选择【铅笔工具】，在鸟头内部绘制一个曲线，表示为笑弯的眼睛。再用【颜料桶工具】填充鸟嘴，填充色为黄色，如图 2-94 所示。

(12) 使用【椭圆】工具，在其【属性】面板上设置填充颜色为黄色，笔触颜色为无。在边角上绘制一个圆形作为太阳，最后效果如图 2-95 所示。

(13) 选择【文件】|【保存】命令，将其命名为"绘制小鸟"保存该文档。

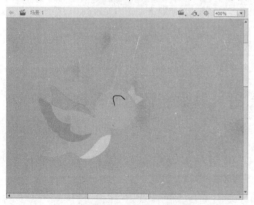
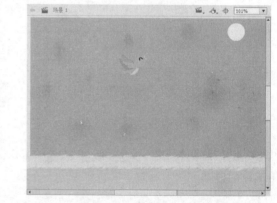

图 2-94　绘制曲线　　　　　　　　　　图 2-95　绘制太阳

2.8　习题

1. 简述矢量图和位图的区别。

2. 使用【钢笔】工具绘制图形时，各种不同的指针状态各自代表什么意思？

3. 使用绘制和填充工具，绘制一幅房屋图形。

编辑图形

学习目标

Flash 图形对象绘制完毕后，可以对已经绘制的图形进行移动、复制、排列、组合等基本操作，还可以对图形对象进行旋转、缩放和扭曲等变形操作。为了使绘制的对象丰富多彩，还可以调整图形的颜色。本章将主要介绍 Flash 图形的编辑操作、颜色调整、3D 变形等编辑修改内容。

本章重点

- ◉ 排列和对齐图形
- ◉ 组合和分离图形
- ◉ 使用【任意变形工具】
- ◉ 使用【渐变变形工具】
- ◉ 使用 3D 工具

3.1 编辑图形基础操作

图形对象的基本编辑主要包括一些改变图形的基本操作，如复制和粘贴操作。用户可以使用【工具】面板中相应的工具来编辑图形，排列、组合和分离对象等操作。

3.1.1 移动图形

在 Flash CC 2015 中，【选择工具】除了用来选择图形对象，还可以拖动对象来进行移动操作。而有时为了避免当前编辑的对象影响到其他对象，可以使用【锁定】命令来锁定图形对象。

1. 移动图形对象

选中图形对象后，可以进行一些常规的基本操作，如移动对象操作。用户还可以使用键盘上的方向键进行对象的细微移动操作，使用【信息】面板或对象的【属性】面板也能使对象进行精确的移动操作。

以下是移动图形对象的具体操作方法。

- 使用【选择】工具：选中要移动的对象，将其拖动到目标位置即可。在移动过程中，被移动的对象以框线方式显示；如果在移动过程中靠近其他对象时，会自动显示与其他对象对齐的虚线，如图 3-1 所示。
- 使用键盘上的方向键：在选中对象后，按下键盘上的↑、↓、←、→方向键即可移动对象，每按一次方向键可以使对象在该方向上移动 1 个像素。如果在按住 Shift 键的同时按方向键，每按一次键可以使对象在该方向上移动 10 个像素。
- 使用【信息】面板或【属性】面板：在选中了图形对象以后，选择【窗口】|【信息】命令打开【信息】面板。在【信息】面板或【属性】面板的 X 和 Y 文本框中输入精确的坐标后，按下 Enter 键即可将对象移动到指定坐标位置。移动的精度可以达到 0.1 像素，如图 3-2 所示。

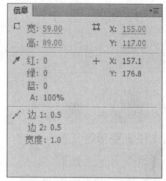

图 3-1　移动图形对象　　　　　　　图 3-2　【信息】面板

2. 锁定图形对象

锁定对象就是指将对象暂时锁定，使其移动不了。选择要锁定的对象，然后选择【修改】|【排列】|【锁定】命令，或者按 Ctrl+Alt+L 组合键，使用鼠标移动锁定对象，则会发现移动不了，如图 3-3 所示。

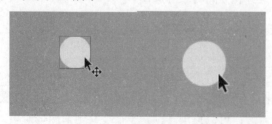

图 3-3　锁定图形

知识点

检查图形是否被锁定，可以用鼠标拖动该对象，可以移动说明未锁定，反之则说明该图形对象处于锁定状态。

如果要解除锁定的对象，用户可以选择【修改】|【排列】|【解除全部锁定】命令，或者按 Ctrl+Alt+Shift+L 组合键，即可解除锁定。

③.1.2 复制和粘贴图形

在 Flash CC 2015 中，复制和粘贴图形对象可以使用菜单命令或键盘组合键。在【变形】面板中，还可以在复制对象的同时应用变形操作。

关于复制和粘贴图形对象的几种操作方法如下。

- 使用菜单命令：选中要复制的对象，选择【编辑】|【复制】命令，选择【编辑】|【粘贴】命令可以粘贴对象；选择【编辑】|【粘贴到当前位置】命令，可以在保证对象的坐标没有变化的情况下，粘贴对象。
- 使用【变形】面板：选择对象，然后选择【窗口】|【变形】命令，打开【变形】面板。在该面板中可以设置旋转或倾斜的角度。单击【重制选区和变形】按钮就可以复制对象了，如图 3-4 所示为一个五角星以 50°角进行旋转，两次单击【复制并应用变形】按钮后所创建的图形。

图 3-4　使用【变形】面板复制图形

- 使用组合键：在移动对象的过程中，按住 Alt 键拖动。此时，光标带+号形状，可以拖动并复制该对象，如图 3-5 所示为拖动复制出来的图形。
- 使用【直接复制】命令：在复制图形对象时，还可以选择【编辑】|【直接复制】命令，或按 Ctrl+D 组合键，对图形对象进行有规律的复制。如 3-6 所示为直接复制了 3 次的五角星图形。

图 3-5　拖动复制图形　　　　　　　　图 3-6　直接复制图形

③.1.3　排列和对齐图形

在同一图层中，绘制的 Flash 图形会根据创建的顺序层叠对象。用户可以使用【修改】|【排列】命令对多个图形对象进行上下排列，还可以使用【修改】|【对齐】命令将图形对象进行横向排列。

1. 排列图形对象

当在舞台上绘制多个图形对象时，Flash 会以层叠的方式显示各个图形对象。若要把下方的图形放置在最上方，则可以在选中该对象后，选择【修改】|【排列】|【移至顶层】命令，即可完成操作。如图 3-7 所示，先选中最底层的圣诞老人，选择命令后则移至顶层。

如果想将图形对象向上移动一层，则可以选中该对象后选择【修改】|【排列】|【上移一层】命令，即可完成操作。若想向下移动一层，选择【修改】|【排列】|【下移一层】命令。若想将上层的图形对象移到最下层，则可以选择【修改】|【排列】|【移至底层】命令即可。

图 3-7　排列图形

2. 层叠图形对象

当绘制多个图形时，需要启用【工具】面板上的【对象绘制】按钮，这样画出的图形在重叠时才不会影响其他图形。否则上面的图形移动后会删除掉下面层叠的图形。如图 3-8 所示为没有使用【对象绘制】功能，所产生的图形重叠后再移动会删除掉下面层叠的图形。

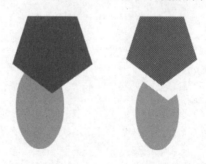

图 3-8　未用【对象绘制】功能的图形移动

3. 对齐图形对象

打开【对齐】面板，在该面板中可以进行对齐对象的操作，如图 3-9 所示。要对多个对象进行对齐与分布操作，可以先选中图形对象，然后选择【修改】|【对齐】命令。在子菜单中选择多种对齐命令，如图 3-10 所示，也可以打开【对齐】面板进行设置。

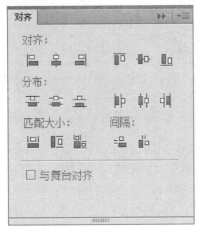

图 3-9　【对齐】面板

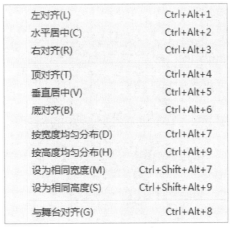

左对齐(L)	Ctrl+Alt+1
水平居中(C)	Ctrl+Alt+2
右对齐(R)	Ctrl+Alt+3
顶对齐(T)	Ctrl+Alt+4
垂直居中(V)	Ctrl+Alt+5
底对齐(B)	Ctrl+Alt+6
按宽度均匀分布(D)	Ctrl+Alt+7
按高度均匀分布(H)	Ctrl+Alt+9
设为相同宽度(M)	Ctrl+Shift+Alt+7
设为相同高度(S)	Ctrl+Shift+Alt+9
与舞台对齐(G)	Ctrl+Alt+8

图 3-10　选择对齐命令

其中各类对齐选项的作用如下。

- 单击【对齐】面板中【对齐】选项区域中的【左对齐】、【水平中齐】、【右对齐】、【上对齐】、【垂直中齐】和【底对齐】按钮 ，可设置对象的不同方向对齐方式。

- 单击【对齐】面板中【分布】选项区域中的【顶部分布】、【垂直居中分布】、【底部分布】、【左侧分布】、【水平居中分布】和【右侧分布】按钮 ，可设置对象不同方向的分布方式。

- 单击【对齐】面板中【匹配大小】区域中的【匹配宽度】按钮 ，可将所有选中的对象与其中最宽的对象宽度相匹配；单击【匹配高度】按钮 ，可将所有选中的对象与其中最高的对象高度相匹配；单击【匹配宽和高】按钮 ，将使所有选中的对象与其中最宽对象的宽度和最高对象的高度相匹配。

- 单击【对齐】面板中【间隔】区域中的【垂直平均间隔】 和【水平平均间隔】 按钮，可使对象在垂直方向或水平方向上等间距分布。

- 选中【和舞台对齐】复选框，可以使对象以设计区的舞台为标准，进行对象的对齐与分布设置；如果取消选中状态，则以选择的对象为标准进行对象的对齐与分布操作。

③.1.4　组合和分离图形

在创建复杂的矢量图形时，为了避免图形之间的自动合并，可以对其进行组合，使其作为一个对象来进行整体操作处理。此外，组合后的图形对象也可以进行分离，从而返回原始状态。

1. 组合图形对象

组合对象的方法是：先从舞台中选择需要组合的多个对象，可以是形状、组、元件或文本等各种类型的对象，然后选择【修改】|【组合】命令或按 Ctrl+G 组合键，即可组合对象。如图 3-11 所示即为由多个组构成的图形，使用【修改】|【组合】命令后，变为一个组的图形。

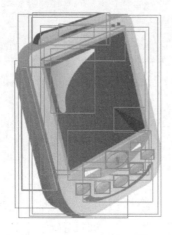

图 3-11　组合图形

2. 分离图形对象

对于组合对象，可以使用分离命令将其拆散为单个对象，也可将文本、实例、位图及矢量图等元素打散成许多个独立像素点，以便进行编辑。

对于组合而成的组对象来说，可以选择【修改】|【分离】命令，将其分离开。这条命令和【修改】|【取消组合】命令所得到的效果是一样的，都是将组对象返回到原始多个对象的状态。如图 3-12 所示的"花草"原本是一个组，选择【分离】命令后，分成了两个组。

对于单个图形对象来说，选择【修改】|【分离】命令，可以把选择的对象分离成独立的像素点。如图 3-13 所示的"花"分离后，成为了形状对象。

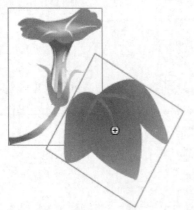
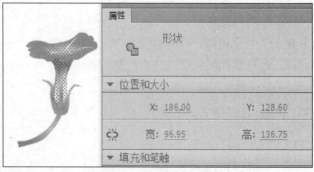

图 3-12　分离组图形对象　　　　　图 3-13　分离单个图形对象

③.1.5 贴紧图形

如果要使图形对象彼此自动对齐，可以使用贴紧功能。Flash CC 中为贴紧对齐对象主要提供了 5 种方式，即【贴紧至对象】、【贴紧至像素】、【贴紧至网格】、【贴紧至辅助线】、【贴紧对齐】等。

1. 贴紧至对象

【贴紧至对象】功能可以使对象沿着其他对象的边缘，直接与它们对齐的对象贴紧。选择对象后，选择【视图】|【贴紧】|【贴紧至对象】命令；或者选择【工具】面板上的【选择】工具后单击【工具】面板底部的【贴紧至对象】按钮 也能使用该功能。执行以上操作后，当拖动图形对象时，指针下会出现黑色小环。当对象处于另一个对象的贴紧距离内时，该小环会变大；放开即可和另一个对象边缘贴紧，如图 3-14 所示。

图 3-14 贴紧至对象

提示

使用贴紧功能主要是用于将形状对象和运动路径贴紧，从而使用户能够更方便地制作动画。

2. 贴紧至像素

【贴紧至像素】可以在舞台上，将图形对象直接与单独的像素或像素的线条贴紧。选择【视图】|【网格】|【显示网格】命令，让舞台显示网格。然后选择【视图】|【网格】|【编辑网格】命令，在【网格】对话框中设置网格尺寸为 1×1 像素。选择【视图】|【贴紧】|【贴紧至像素】命令，选择【工具】面板上的【矩形】工具，在舞台上随意绘制矩形图形时，会发现矩形的边缘紧贴至网格线，如图 3-15 所示。

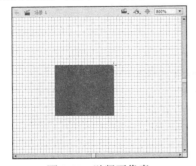

图 3-15 贴紧至像素

提示

如果网格以默认尺寸显示，可以选择【视图】|【贴紧】|【贴紧至网格】命令，同样可以使图形对象边缘和网格边缘贴紧。

计算机 基础与实训教材系列

3. 贴紧至网格

如果网格以默认尺寸显示，可以选择【视图】|【贴紧】|【贴紧至网格】命令，同样可以使图形对象边缘和网格边缘贴紧。

4. 贴紧至辅助线

选择【视图】|【贴紧】|【贴紧至辅助线】命令，可以使图形对象中心和辅助线贴紧。如图3-16所示，当拖动图形对象时，指针下会出现黑色小环，当图形中的小环接近辅助线时，该小环会变大，释放鼠标即可和辅助线贴紧。

5. 贴紧对齐

贴紧对齐功能可以按照指定的贴紧对齐容差。即对象和其他对象之间或对象与舞台边缘的预设边界进行对齐对象。要进行贴紧对齐，可以选择【视图】|【贴紧】|【贴紧对齐】命令，此时当拖动一个图形对象至另一个对象边缘时，会显示对齐线。此时，释放鼠标，则两个对象互相贴紧对齐，如图3-17所示。

图3-16　贴紧图形至辅助线

图3-17　贴紧对齐图形

📙 **知识点**

> 要设置对齐容差的参数值，可以选择【视图】|【贴紧】|【编辑贴紧方式】命令。在打开的【编辑贴紧方式】对话框中，单击【高级】按钮，展开选项进行设置。

【例3-1】使用编辑和绘制图形技巧制作一张邮票。

(1) 启动Flash CC 2015，新建一个文档。右击舞台，选择快捷菜单中的【文档】命令，打开【文档设置】对话框。设置背景颜色为黑色，如图3-18所示。

(2) 选择【文件】|【导入】|【导入到舞台】命令，打开【导入】对话框。选择"猫"位图文件，然后单击【打开】按钮，如图3-19所示。

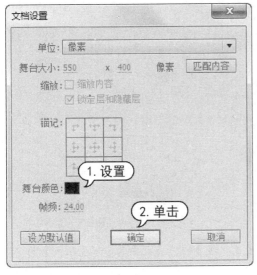

图 3-18 【文档设置】对话框

图 3-19 【导入】对话框

(3) 选择【工具】面板中的【任意变形工具】，选择猫图形。控制周围锚点，改变图形大小和位置，如图 3-20 所示。

(4) 选择【工具】面板中的【矩形工具】，打开【属性】面板，设置【填充颜色】为无，【笔触颜色】为红色，【笔触】大小为 10，如图 3-21 所示。

图 3-20 调整图形

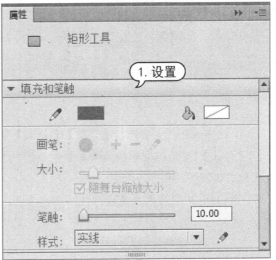

图 3-21 设置【矩形工具】

(5) 单击【工具】面板上的【对象绘制】按钮 后绘制矩形，其尺寸和位置覆盖猫图形的边缘，如图 3-22 所示。

(6) 选中红色矩形形状，打开【属性】面板，单击【编辑笔触样式】按钮 ，如图 3-23 所示。

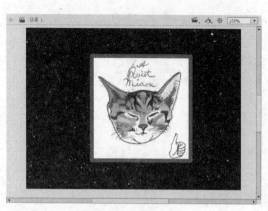

图 3-22 绘制矩形

图 3-23 编辑矩形属性

(7) 打开【笔触样式】对话框，选择【类型】为【点状线】，【点距】为 9，【粗细】为 24。然后单击【确定】按钮，如图 3-24 所示。

(8) 此时，矩形图形转换为点状线图，如图 3-25 所示。

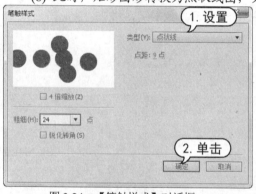

图 3-24 【笔触样式】对话框

图 3-25 矩形图形转换

(9) 选中位图图形，选择【修改】|【分离】命令将其分离为形状。再选中线条对象，选择【修改】|【形状】|【将线条转换为填充】命令。然后再选择【修改】|【分离】命令将线条分离为形状，如图 3-26 所示。

(10) 此时，图形都分离成形状的状态，如图 3-27 所示。

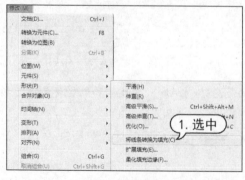

图 3-26 选择【将线条转换为填充】命令

图 3-27 分离成形状

(11) 按 Delete 键将圆点删除，此时邮票的锯齿形外轮廓即可显示出来，如图 3-28 所示。

(12) 使用【铅笔工具】，打开其【属性】面板，设置【笔触颜色】为【黑色】，【填充颜色】为【无】，【笔触】大小为 1，样式为【实线】，如图 3-29 所示。

图 3-28　删除圆点

图 3-29　设置铅笔工具

(13) 将【铅笔模式】设置成【平滑】模式，在邮票左下角写上 "1 元"。此时，邮票图形完成，如图 3-30 所示。

(14) 选择【文件】|【保存】命令，打开【另存为】对话框，命名文件名为 "制作邮票"。单击【保存】按钮将其保存，如图 3-31 所示。

图 3-30　绘制文字

图 3-31　保存文档

3.2　图形的变形和转换

在使用 Flash 图形过程中，可以调整图形在舞台中的比例，以及改变图形的形状。用户对图形变形和转换的操作包括翻转、旋转、缩放、扭曲和封套等方式。

③.2.1 翻转图形

用户在选择了图形对象后，可以将其翻转倒立过来，编辑以后如果不满意还可以还原对象。

选择了图形对象以后，选择【修改】|【变形】命令。在子菜单中可以选中【垂直翻转】或【水平翻转】命令，可以使所选定的对象进行垂直或水平翻转，而不改变该对象在舞台上的相对位置。如图 3-32 所示为垂直翻转的图形。

　　原图　　　　　　　　水平翻转　　　　　　　　垂直翻转

图 3-32　翻转图形对象

要还原变形的图形，用户可以选择以下几种还原方法。

◉ 选择【编辑】|【撤销】命令，可以撤销整个文档最近一次所做的操作。要撤销多步操作就必须多次执行该命令。

◉ 在选中了某一个或几个进行了变形操作的对象以后，选择【修改】|【变形】|【取消变形】命令，可以将对这些对象所做的所有变形一次性全部撤销。

◉ 选择【窗口】|【历史记录】命令，打开【历史记录】面板，如图 3-33 所示。该面板中的滑块默认指向当前文档最后一次执行的步骤。拖动该滑块，即可对文档中已进行的操作进行撤销。

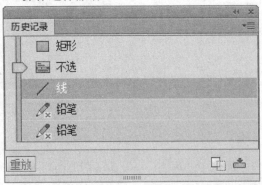

图 3-33　【历史记录】面板

提示

　　在【历史记录】面板中，可以按步骤的执行顺序来记录步骤；可以一次撤销或重做个别步骤或多个步骤；可以将【历史记录】面板中的步骤应用于文档中的同一对象或不同对象。但是，不能重新排列【历史记录】面板中的步骤顺序。

③.2.2 旋转图形

使用【工具】面板中的【任意变形工具】 可对图形对象进行旋转和倾斜的操作。

选中【任意变形工具】，在【工具】面板中会显示【贴紧至对象】、【旋转和倾斜】、【缩放】、【扭曲】和【封套】按钮，如图 3-34 所示。选中对象，在对象的四周会显示 8 个控制点■，在中心位置会显示 1 个中心点○，如图 3-35 所示。

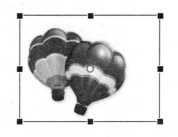

图 3-34　显示按钮　　　　　　　　　　图 3-35　显示控制点

旋转与倾斜图形对象可以垂直或水平方向上缩放，还可以在垂直和水平方向上同时缩放。选择【工具】面板中的【任意变形工具】，然后单击【旋转与倾斜】按钮 ，选中对象。当光标显示为 形状时，可以旋转对象；当光标显示为 形状时，可以水平方向倾斜对象；当光标显示 形状时，可以垂直方向倾斜对象，如图 3-36 所示。

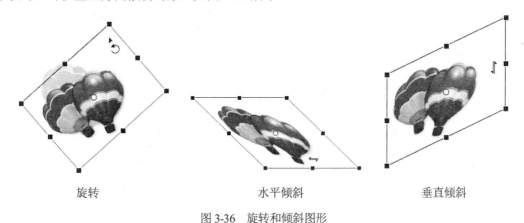

旋转　　　　　　　　　　水平倾斜　　　　　　　　　　垂直倾斜

图 3-36　旋转和倾斜图形

③.2.3 缩放图形

缩放图形对象可以垂直或水平方向上缩放，还可以在垂直和水平方向上同时缩放。选择【工具】面板中的【任意变形工具】，然后单击【缩放】按钮 。选中要缩放的对象，对象四周会显示框选标志。拖动对象某条边上的中点可将对象进行垂直或水平的缩放；拖动某个顶点，则可以使对象在垂直和水平方向上同时进行缩放，如图 3-37 所示。

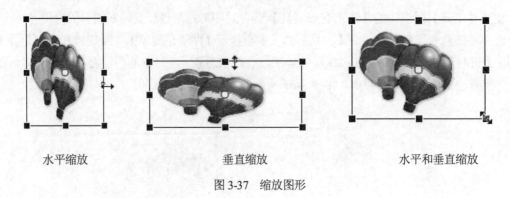

水平缩放　　　　　　　　　垂直缩放　　　　　　　水平和垂直缩放

图 3-37　缩放图形

③.2.4　扭曲图形

计算机基础与实训教材系列

扭曲操作可以对图形对象(仅形状对象)进行锥化处理。选择【工具】面板中的【任意变形工具】。然后单击【扭曲】按钮，选中要对选定对象进行扭曲变形。可以在光标变为 形状时，拖动边框上的角控制点或边控制点来移动该角或边；在拖动角手柄时，按住 Shift 键，当光标变为 形状时，可对对象进行锥化处理，如图 3-38 所示。

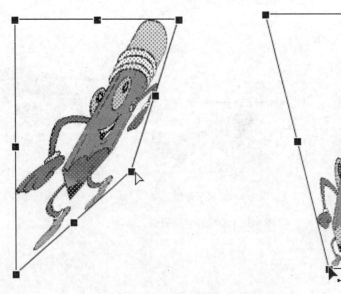

图 3-38　扭曲和锥化图形

③.2.5 封套图形

封套操作可以对图形对象进行任意形状的修改。选择【工具】面板中的【任意变形工具】，然后单击【封套】按钮 。选中对象，在对象的四周会显示若干控制点和切线手柄，拖动这些控制点及切线手柄，即可进行任意形状的修改，如图 3-39 所示。

 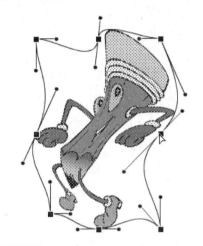

图 3-39　封套图形

 提示

　　【旋转与倾斜】和【缩放】按钮可应用于舞台中的所有对象，【扭曲】和【封套】按钮都只适用于形状对象或者分离后的图像。

③.2.6 删除图形

当不需要舞台中某个图形时，可以使用【选择工具】选中该图形对象后，按 Delete 键或 Backspace 键将其删除。

用户还可以选择用以下几种方法来进行删除图形对象的操作。

- ⊙ 选中要删除的对象，选择【编辑】|【清除】命令。
- ⊙ 选中要删除的对象，选择【编辑】|【剪切】命令。
- ⊙ 右击要删除对象，在弹出的快捷菜单中选择【剪切】命令。

③.3 图形颜色调整

在前面的章节中，学习了填充图形的颜色。如果用户需要自定义颜色或者对已经填充的颜色进行调整，那么需要用到【颜色】面板。另外，使用【渐变变形工具】可以进行颜色的填充变形，如过渡色、旋转颜色和拉伸颜色等。

③.3.1　使用【颜色】面板

在菜单上选择【窗口】|【颜色】命令，可以打开【颜色】面板，如图 3-40 所示。打开右侧的下拉列表框，可以选择【无】、【纯色】、【线性渐变】、【径向渐变】和【位图填充】这 5 种填充方式，如图 3-41 所示。

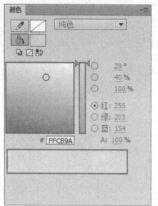

图 3-40　【颜色】面板

图 3-41　设置颜色填充方式

在颜色面板的中部有选色窗口，用户可以在窗口右侧拖动滑块中调节色域，然后在窗口中选中需要的颜色；在右侧分别提供了 HSB 颜色组合项和 RGB 颜色组合项，用户可以直接输入数值以合成颜色；下方的【A：】选项其实是原来的 Alpha 透明度设置项，100%为不透明，0%为全透明，可以在该选项中设置颜色的透明度。

单击【笔触颜色】和【填充颜色】右侧的颜色控件，都会弹出【调色板】面板，用户可以方便快捷的从中选取颜色，如图 3-42 所示。在【调色板】面板中单击右上角的【颜色选择器】按钮⊙，打开【颜色选择器】对话框，在该对话框中可以进行更加微调的颜色选择，如图 3-43 所示。

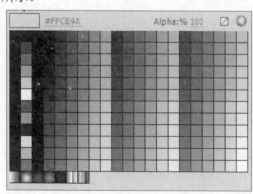

图 3-42　【调色板】面板

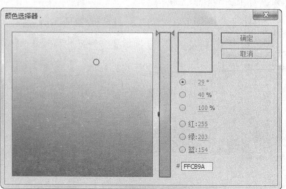

图 3-43　【颜色选择器】对话框

③.3.2　使用【渐变变形工具】

单击【任意变形工具】按钮后，在下拉菜单中选择【渐变变形工具】，该工具可以通过调整填充的大小、方向或者中心位置，对渐变填充或位图填充进行变形操作。

1. 线性渐变填充

选择【工具】面板中的【渐变变形工具】，将光标指向图形的线性渐变填充。当光标变为形状时，单击线性渐变填充即可显示线性渐变填充的调节手柄了，如图 3-44 所示。调整线性渐变填充的具体操作方法如下。

- 将光标指向中间的圆形控制柄○时光标变为✛形状。此时，拖动该控制柄可以调整线性渐变填充的位置，如图 3-45 所示。

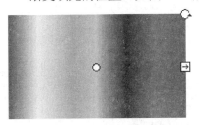

图 3-44　线性渐变填充的调节手柄

图 3-45　调整线性渐变填充的位置

- 将光标指向右边中间的方形控制柄时光标变为↔形状，拖动该控制柄可以调整线性渐变填充的缩放，如图 3-46 所示。

- 将光标指向右上角的环形控制柄时光标变为形状，拖动该控制柄可以调整线性渐变填充的方向，如图 3-47 所示。

图 3-46　调整线性渐变填充的缩放

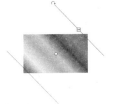

图 3-47　调整线性渐变填充的方向

2. 径向渐变填充

径向渐变填充即为以前版本所称的放射状填充，该填充的方法与调整线性渐变填充方法类似。选择【工具】面板中的【渐变变形工具】，单击径向渐变填充图形，即可显示径向渐变填充的调节柄，如图 3-48 所示。可以调整径向渐变填充，具体操作方法如下。

- 将光标指向中心的控制柄8时光标变为✛形状，拖动该控制柄可以调整径向渐变填充的位置，如图 3-49 所示。

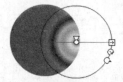

图 3-48 显示径向渐变的调整柄　　　　　图 3-49 调整径向渐变填充的位置

- 将光标指向圆周上的方形控制柄⊡时光标变为↔形状，拖动该控制柄，可以调整径向渐变填充的宽度，如图 3-50 所示。

- 将光标指向圆周上中间的环形控制柄⊙时光标变为⊙形状，拖动该控制柄，可以调整径向渐变填充的半径，如图 3-51 所示。

图 3-50 调整径向渐变填充的宽度　　　　图 3-51 调整径向渐变填充的半径

- 将光标指向圆周上最下面的环形控制柄↻时光标变为↻形状，拖动该控制柄可以调整径向渐变填充的方向，如图 3-52 所示。

图 3-52 调整径向渐变填充的方向

【例 3-2】使用【渐变变形工具】修改渐变颜色。

(1) 启动 Flash CC 2015，打开一个素材文档。在【工具】面板上单击【任意变形】工具按钮，在下拉菜单中选择【渐变变形工具】▣，如图 3-53 所示。

(2) 单击图形中的雨衣形状，显示渐变变形框。保持单击并向右旋转环形控制柄↻，使渐变颜色从垂直渐变转换为水平渐变，如图 3-54 所示。

图 3-53 选择【渐变变形工具】　　　　　图 3-54 调整渐变

(3) 垂直向下拖动渐变变形框的方形控制柄⊡，扩大渐变填充的垂直宽度，如图 3-55 所示。

(4) 向上拖动渐变变形框中间的圆形控制柄〇，调整渐变填充的中心位置，如图 3-56 所示。

图 3-55　调整渐变

图 3-56　调整填充中心

(5) 选择【文件】｜【另存为】命令，打开【另存为】对话框。将该文档命名为"使用【渐变变形工具】"加以保存。

3. 位图填充

在 Flash CC 2015 中可以使用位图对图形进行填充。设置了图形的位图填充后，选择工具箱中的【渐变变形】工具，在图形的位图填充上单击，即可显示位图填充的调节柄。

打开【颜色】面板，在【类型】下拉列表框中选择【位图填充】选项，如图 3-57 所示。打开【导入到库】对话框。选中位图文件，单击【打开】按钮导入位图文件，如图 3-58 所示。

图 3-57　选择【位图填充】选项

图 3-58　导入位图

此时，在【工具】面板中选择【矩形】工具，在舞台中进行拖动即可绘制一个具有位图填充的矩形形状，如图 3-59 所示。拖动中心点，可以改变填充图形的位置。拖动边缘的各个控制柄，可以调整填充图形的大小、方向、倾斜角度等，如图 3-60 所示。

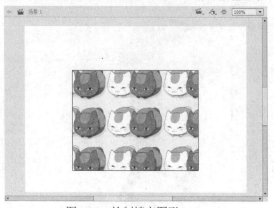

图 3-59　绘制填充图形

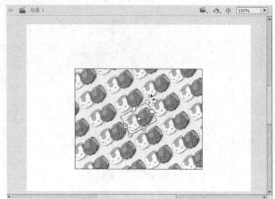

图 3-60　拖动边缘的各个控制柄

计算机 基础与实训教材系列

③.3.3　调整色彩显示效果

在 Flash CC 2015 中可以调整舞台中图形或其他对象的色彩显示效果，能够改变对象的亮度、色调以及透明度等。这为动画的制作提供了更高层次的特殊效果。

1. 调整亮度

图形的【色彩效果】可以在选中对象的【属性】面板里调整。其中，【亮度】选项用于调节元件实例的相对亮度和暗度。

选中对象后，在【色彩效果】选项区域中的【样式】下拉列表框中选择【亮度】选项。拖动出现的滑块，或者在右侧的文本框内输入数值，改变对象的亮度，如图 3-61 所示。亮度的度量范围是从黑(-100%)到白(100%)。

2. 调整色调

【色调】选项是用来使用相同的色相为元件实例着色，其度量范围是从透明(0%)到完全饱和(100%)。

在【色彩效果】的【样式】下拉列表框内选择【色调】选项，此时会出现一个【着色】按钮和【色调】、【红】、【绿】、【蓝】这 4 个滑块。单击【色调】右边的色块，弹出调色板，可以选择一种色调颜色。

通过拖动【红】、【绿】、【蓝】这 3 个选项的滑块，或者直接在其右侧文本框内输入颜色数值，来改变对象的色调。当色调设置完成后，可以通过拖动【色调】选项的滑块，或者在其右侧的数值框内输入颜色数值，来改变对象的色调饱和度，如图 3-62 所示。

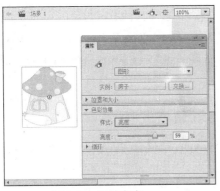

图 3-61　调整亮度

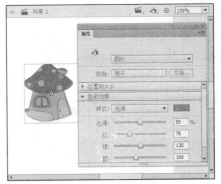

图 3-62　调整色调

3. 调整透明度

Alpha 选项用来设置对象的透明度，其度量范围从透明(0%)到不透明(100%)。

在【色彩效果】选项的【样式】下拉列表框中选择 Alpha 选项，拖动滑块。或者在右侧的数值框内输入百分比数值，即可改变对象的透明度，如图 3-63 所示。

除了以上几个选项来进行色彩效果的改变，还有一个【高级】选项。该选项是集合了亮度、色调、Alpha 这 3 个选项为一体的选项，可帮助用户在图形上制作全面丰富的色彩效果，如图 3-64 所示。

图 3-63　调整 Alpha 选项

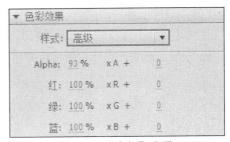

图 3-64　【高级】选项

③.4　使用 3D 变形工具

使用 Flash CC 2015 提供的 3D 变形工具可以在 3D 空间对 2D 对象进行动画处理。3D 变形工具包括【3D 平移工具】和【3D 旋转工具】。

③.4.1　使用【3D 平移工具】

使用【3D 平移工具】可以在 3D 空间中移动【影片剪辑】实例。在【工具】面板上选择【3D

平移工具】，选择一个【影片剪辑】实例，在实例的 x、y 和 z 轴将显示在对象的顶部。x 轴显示为红色，y 轴显示为绿色，z 轴显示为红绿线交接的黑点。选择【3D 平移工具】选中对象后，可以拖动 x、y 和 z 轴来移动对象，也可以打开【属性】面板，设置 x、y 和 z 轴数值来移动对象，如图 3-65 所示。

图 3-65　使用【3D 平移】工具

知识点

　　【3D 平移】工具的默认模式是全局模式。在全局 3D 空间中移动对象与相对设计区中移动对象等效。在局部 3D 空间中移动对象与相对影片剪辑移动对象等效。选择【3D 平移】工具后，单击【工具】面板【选项】部分中的【全局】切换按钮，可以切换全局/局部模式。

使用 3D 平移单个对象的具体方法如下。

- 拖动移动对象：选中实例的 x、y 或 z 轴控件，x 和 y 轴控件是轴上的箭头。按控件箭头的方向拖动，可以可沿所选轴方向移动对象。z 轴控件是影片剪辑中间的黑点。上下拖动 z 轴控件可在 z 轴上移动对象。如图 3-66 所示分别为在 y 轴方向上拖动对象和在 z 轴上移动对象。

- 使用【属性】面板移动对象：打开【属性】面板，打开【3D 定位和视图】选项卡，在 x、y 或 z 轴输入坐标位置数值即可完成移动，如图 3-67 所示。

图 3-66　拖动移动对象

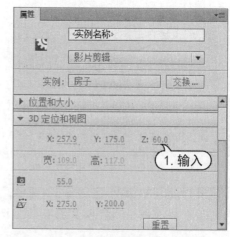

图 3-67　【3D 定位和视图】选项卡

选中多个对象后，如果选择【3D 平移工具】移动某个对象，其他对象将以移动对象的相同方向移动。在全局和局部模式中移动多个对象的方法如下。

- 在全局模式 3D 空间中以相同方式移动多个对象，拖动轴控件移动一个对象，其他对象同时移动。按下 Shift 键，双击其中一个选中对象，可以将轴控件移动到多个对象的中间位置，如图 3-68 所示。

- 在局部模式 3D 空间中以相同方式移动多个对象，拖动轴控件移动一个对象，其他对象同时移动。按下 Shift 键，双击其中一个选中对象，可以将轴控件移动到另一个对象上，如图 3-69 所示。

图 3-68　全局模式移动对象　　　　　　　　图 3-69　局部模式移动对象

③.4.2　使用【3D 旋转工具】

使用【3D 旋转工具】，可以在 3D 空间移动【影片剪辑】实例，使对象能显示某一立体方向角度，【3D 旋转工具】是绕对象的 z 轴进行旋转的。

选择【3D 旋转工具】，选中舞台中的【影片剪辑】实例。3D 旋转控件会显示在选定对象上方，x 轴控件显示为红色、y 轴控件显示为绿色、z 轴控件显示为蓝色，使用最外圈的橙色自由旋转控件，可以同时围绕 x 和 y 轴方向旋转，如图 3-70 所示。【3D 旋转工具】的默认模式为全局模式，在全局模式 3D 空间中旋转对象与相对舞台移动对象等效。在局部 3D 空间中旋转对象与相对影片剪辑移动对象等效。

在 3D 空间中旋转对象的具体方法如下。

- 拖动一个旋转轴控件，能以绕该轴方向旋转对象，或拖动自由旋转控件(外侧橙色圈)同时在 x 和 y 轴方向旋转对象，如图 3-71 所示。

图 3-70　使用【3D 旋转】工具　　　　　　图 3-71　在 x 和 y 轴方向旋转对象

- 左右拖动 x 轴控件，可以绕 x 轴方向旋转对象。上下拖动 y 轴控件，可以绕 y 轴方向旋转对象。拖动 z 轴控件，可绕 z 轴方向旋转对象，进行圆周运动，如图 3-72 所示。

- 如果要相对于对象重新定位旋转控件中心点，拖动控件中心点即可。

- 按下 Shift 键，旋转对象，可以按 45° 为增量倍数，约束中心点的旋转对象。

- 移动旋转中心点控制旋转对象和外观，双击中心点可将其移回所选对象中心位置。

- 对象的旋转控件中心点的位置属性在【变形】面板中显示为【3D 中心点】，可以在【变形】面板中修改中心点的位置，如图 3-73 所示。

图 3-72　拖动轴旋转对象

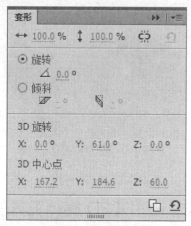

图 3-73　修改中心点

要重新定位 3D 旋转控件中心点，有以下几种方法。

- 要将中心点移动到任意位置，直接拖动中心点即可。

- 要将中心点移动到一个选定对象的中心，按下 Shift 键，双击对象。

- 若将中心点移动到多个对象的中心，双击中心点即可。

 提示

选中多个对象后，如果选择【3D 旋转】工具，3D 旋转控件将显示在最近所选的对象上方。进行某个对象的旋转操作时，其他对象也会以同样方向进行旋转。

③.5　上机练习

本章的上机练习主要学习绘制一个水晶球图形，从而使用户更好地掌握本章的知识内容。

(1) 启动 Flash CC 2015，新建一个 Flash 文档。选择【文件】|【导入】|【导入到舞台】命令，打开【导入】对话框，选择位图文件，单击【打开】按钮，如图 3-74 所示。

(2) 此时导入该位图，使用【任意变形工具】设置图形大小和位置，如图 3-75 所示。

图 3-74　导入图形

图 3-75　调整图形

(3) 按两次 Ctrl+B 组合键,分离该位图。然后选择【椭圆】工具,设置填充颜色为无,在位图上绘制正圆,删除圆外部分并组合为一个图形,如图 3-76 所示。

(4) 选择【椭圆】工具,绘制一个大小相同的正圆。然后打开【颜色】面板,设置笔触颜色为无,填充颜色为径向渐变颜色,然后调整颜色,如图 3-77 所示。

图 3-76　绘制椭圆

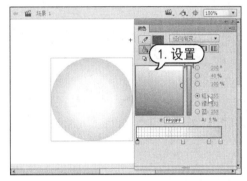

图 3-77　设置椭圆颜色

(5) 设置舞台背景色为蓝色,然后使用【多角星形】工具,打开其【属性】面板,设置填充颜色为线性渐变颜色。单击【选项】按钮,打开【工具设置】对话框。设置【样式】为【星形】,【边数】为 8,【星形顶点大小】为 0.1。然后单击【确定】按钮,绘制闪光图形,如图 3-78 所示。

(6) 使用【选择】工具选择闪光图形,拖动至位图圆上,然后将位图圆移至底层,将透明圆移至顶层,并移动各自的位置,如图 3-79 所示。

图 3-78　绘制闪光图形

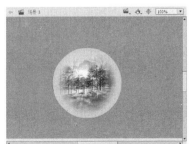

图 3-79　调整排列层次

计算机基础与实训教材系列

(7) 选择【文件】|【保存】命令，打开【另存为】对话框。将其命名为"绘制水晶球"，进行保存，如图 3-80 所示。

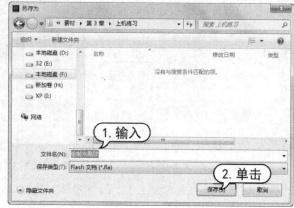

图 3-80 保存文件

3.6 习题

1. 使用【任意变形工具】可以对图形进行几种操作？
2. 如何使用【3D 平移工具】和【3D 旋转工具】？
3. 使用各种绘图工具，绘制一个电视机的 3D 镜像旋转效果。

第4章

使用 Flash 文本

学习目标

文本是 Flash 动画中重要的组成元素之一，可以起到帮助影片表述内容和美化影片的作用。本章将介绍 Flash 文本的创建和编辑，以及给文本对象添加滤镜效果等内容。

本章重点

- 创建 Flash 文本
- 编辑 Flash 文本
- 添加文字链接
- 添加滤镜效果

4.1 创建 Flash 文本

使用【工具】面板中的【文本工具】可以创建文本对象。在创建文本对象之前，首先还需要明确文本类型。然后通过文本工具创建对应的文本框，从而实现不同类的文本对象的创建方法。

4.1.1 Flash 文本类型

使用【文本工具】T可以创建多种类型的文本。在 Flash CC 2015 中，文本类型可分为静态文本、动态文本和输入文本这 3 种。

- 静态文本：默认状态下创建的文本对象均为静态文本，它在影片的播放过程中不会发生动态改变，因此常被用来作为说明文字。

- 动态文本：该文本对象中的内容可以动态改变，甚至可以随着影片的播放自动更新，如用于比分或者计时器等方面的文字。
- 输入文本：该文本对象在影片的播放过程中用于在用户与 Flash 动画之间产生互动。例如，在表单中输入用户姓名等信息。

以上 3 种文本类型都可以在【文本工具】的【属性】面板中进行选择和设置，如图 4-1 所示为选择了静态文本类型。

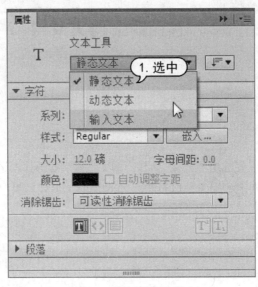

图 4-1　选择文本类型

4.1.2　创建静态文本

创建静态文本，首先应在【工具】面板中选择【文本工具】T。当光标变为 形状时，在舞台中单击即可创建一个可扩展的静态水平文本框。该文本框的右上角具有圆形手柄标识，其输入区域可随需要自动横向延长，如图 4-2 所示。

如果选择【文本工具】后，在舞台中进行拖动，则可以创建一个具有固定宽度的静态水平文本框。该文本框的右上角具有方型手柄标识，其输入区域宽度是固定的，当输入文本超出宽度时将自动换行，如图 4-3 所示。

图 4-2　可扩展的静态水平文本框　　　　图 4-3　具有固定宽度的静态水平文本框

此外，在静态文本框中还可以输入垂直方向的文本，只须在【属性】面板中进行设置即可。

【例 4-1】创建一个新文档，输入垂直的静态文本。

(1) 启动 Flash CC 程序，新建一个文档。选择【文件】|【导入】|【导入到舞台】命令，打开【导入】对话框。选择一个位图文件，然后单击【打开】按钮。

(2) 在【工具】面板中选择【文本】工具 T，打开【属性】面板。选择【静态文本】选项，单击【改变文字方向】下拉按钮 ，选择【垂直、从左向右】选项。在【字符】选项区域内设置【系列】为【华文行楷】字体，【大小】为 40，如图 4-5 所示。

图 4-4　导入位图

图 4-5　设置静态文本

(3) 在舞台上进行拖动，创建一个文本框，然后输入静态文本，如图 4-6 所示。

(4) 选择【文件】|【保存】命令，打开【另存为】对话框。将该文档以"输入静态文本"为名保存起来，如图 4-7 所示。

图 4-6　输入文本

图 4-7　保存文档

4.1.3　创建动态文本

要创建动态文本，选择【文本工具】 T，打开【属性】面板。单击【动态文本】按钮。在弹出的菜单中可以选择【动态文本】类型。此时单击舞台，可以创建一个具有固定宽度和高度的动态水平文本框。拖动可以创建一个自定义固定宽度的动态水平文本框。在文本框中输入文字，即可创建动态文本，如图 4-8 所示。

此外，用户还可以创建动态可滚动文本。动态可滚动文本框的特点是：可以在指定大小的文本框内显示超过该范围的文本内容。创建滚动文本后，其文本框的右下方会显示一个黑色的实心矩形手柄，如图 4-9 所示。

动态文本　　　　　　　　　动态可滚动文本

图 4-8　创建动态文本　　　　　　　　　　　　图 4-9　创建动态可滚动文本

在 Flash CC 2015 中，创建动态可滚动文本有以下几种方法。

- 按住 Shift 键的同时双击动态文本框的圆形或方形手柄。
- 使用【选择】工具选中动态文本框，然后选择【文本】|【可滚动】命令。
- 使用【选择】工具选中动态文本框。右击该动态文本框，在打开的快捷菜单中选择【可滚动】命令，如图 4-10 所示。

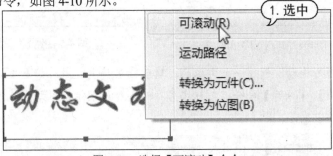

图 4-10　选择【可滚动】命令

④.1.4　创建输入文本

输入文本可以在动画中创建一个允许用户填充的文本区域，因此它主要出现在一些交互性比较强的动画中。例如，有些动画需要用到内容填写、用户名或者密码输入等操作，就都需要添加输入文本。

选择【文本工具】，在【属性】面板中选择【输入文本】类型。此时单击舞台，可以创建一个具有固定宽度和高度的动态水平文本框；拖动水平文本框可以创建一个自定义固定宽度的动态水平文本框。

【例 4-2】使用创建输入文本的方法，制作一个可以输入文字的信纸。

(1) 启动 Flash CC 2015，选择【文件】|【新建】命令，新建一个 Flash 文档。选择【文件】|【导入】|【导入到舞台】命令，打开【导入】对话框。将一幅位图文件导入到舞台中作为信纸的

底图，如图 4-11 所示。

(2) 在【工具】面板中选择【文本工具】，打开【属性】面板，选择【静态文本】选项。在【字符】选项区域内设置【系列】为【华文行楷】字体，【大小】为 20，【颜色】为红色，如图 4-12 所示。

图 4-11 选择图片

图 4-12 设置静态文本

(3) 在信纸的第一行创建文本框并输入文字，效果如图 4-13 所示。

(4) 在【工具】面板中选择【文本工具】，打开【属性】面板，选择【输入文本】选项。在【字符】选项区域内设置【系列】为【华文琥珀】字体，【大小】为 15，【颜色】为蓝色。在【段落】选项区域内设置【行为】为【多行】，如图 4-14 所示。

图 4-13 输入静态文本

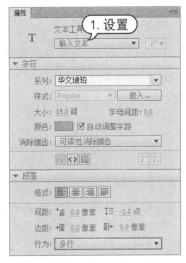

图 4-14 设置输入文本

(5) 进行拖动，在舞台绘制一个文本框区域，如图 4-15 所示。

(6) 按下 Ctrl+Enter 组合键将文件导出并预览动画。然后在其中输入文字测试动画效，如图 4-16 所示。

图 4-15　绘制文本框

图 4-16　输入文本

4.2　编辑 Flash 文本

用户可以通过【文本】工具的属性面板对文本的字体和段落属性进行设置，改变字体和段落的样式。以外，用户还可以进行消除文本锯齿和创建文字链接等操作，对文本进一步地设计和修改。

4.2.1　设置文本属性

为了使 Flash 动画中的文字更加灵活，用户可以使用【文本】工具的属性面板对文本的字体和段落属性进行设置。

1. 设置字符属性

在【属性】面板的【字符】选项卡中，可以设置选定文本字符的字体、字体大小和颜色等，如图 4-17 所示。

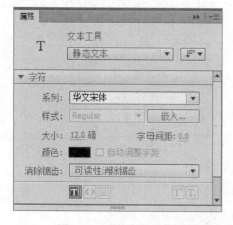

图 4-17　【字符】选项卡

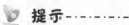

提示

设置文本颜色时只能使用纯色，而不能使用渐变色。如果要对文本应用渐变色，必须将文本转换为线条或填充图形。

【字符】选项卡里的主要参数选项具体作用如下。

- ◉ 【系列】：可以在下拉列表中选择文本字体。
- ◉ 【样式】：可以在下拉列表中选择文本字体样式，如加粗、倾斜等。
- ◉ 【大小】：设置文本字体大小。
- ◉ 【颜色】：设置文本字体颜色。
- ◉ 【消除锯齿】：提供 5 种消除锯齿模式。
- ◉ 【字母间距】：设置文本文字符间距。
- ◉ 【自动调整字距】：选中该复选框，系统会自动调整文本内容合适间距。

2. 设置段落属性

在【属性】面板的【段落】选项区域中，可以设置对齐方式、边距、缩进和行距等，如图 4-18 所示。

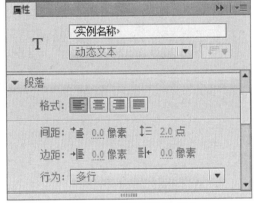

图 4-18　【段落】选项卡

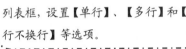

提示

如果文本框为【动态文本】和【输入文本】时，还可以打开【行为】下拉列表框，设置【单行】、【多行】和【多行不换行】等选项。

其中主要参数选项具体作用如下。

- ◉ 【格式】：设置段落文本的对齐方式。
- ◉ 【间距】：设置段落边界和首行开头之间的距离，以及段落中相邻行之间的距离。
- ◉ 【边距】：设置文本框的边框和文本段落之间的间隔。
- ◉ 【行为】：为动态文本和输入文本提供单行或多行的设置。

④.2.2　选择 Flash 文本

编辑文本或更改文本属性时，必须先选中要编辑的文本。在工具箱中选择【文本工具】后，可进行如下操作选择所需的文本对象。

- ◉ 在需要选择的文本上向左或向右拖动，可以选择文本框中的部分或全部文本。
- ◉ 在文本框中双击，可以选择一个英文单词或连续输入的中文。
- ◉ 在文本框中单击确定所选择的文本的开始位置，然后按住 Shift 键单击所选择的文本的结束位置，可以选择开始位置和结束位置之间的所有文本。

- 在文本框中单击，然后按 Ctrl + A 快捷键，可以选择文本框中所有文本对象。
- 如果要选择文本框，可以选择【选择工具】，然后单击文本框。如果要选择多个文本框，可以在按下 Shift 键的同时，逐一单击其他需要选择的文本框。

④.2.3 分离 Flash 文本

在 Flash CC 2015 中，文本的分离原理和分离方法与之前介绍的分离 Flash 图形相类似。

选中文本后，选择【修改】|【分离】命令将文本分离 1 次可以使其中的文字成为单个的字符，分离 2 次可以使其成为填充图形。如图 4-19 所示为分离 1 次的效果，如 4-20 所示为分离 2 次变为填充图形的效果。

图 4-19　分离 1 次文本

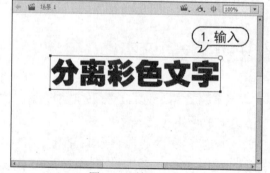

图 4-20　分离 2 次文本

💡 **提示**

　　文本一旦被分离为填充图形后就不再具有文本的属性，而是拥有了填充图形的属性。即对于分离为填充图形的文本，用户不能再更改其字体或字符间距等文本属性，但可以对其应用渐变填充或位图填充等填充属性。

【**例 4-3**】利用分离文本功能制作多彩文字。

(1) 启动 Flash CC 程序，新建一个 Flash 文档。在【工具】面板中选择【文本工具】，在【属性】面板中选择【静态文本】选项。设置【系列】为【方正超粗黑简体】，【大小】为 60，文字颜色为黑色，如图 4-21 所示。

(2) 在舞台中单击创建一个文本框，然后输入文字"分离彩色文字"，如图 4-22 所示。

图 4-21　设置静态文本

图 4-22　输入文本

(3) 选中文本内容，连续进行 2 次【修改】|【分离】命令将文本分离为填充图形，如图 4-23 所示。

(4) 打开【颜色】面板，选择填充颜色为【线性渐变】选项，设置填充颜色为彩虹色，如图 4-24 所示。

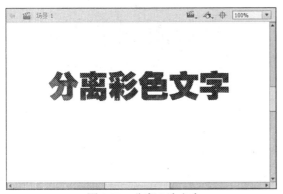

图 4-23 分离 2 次文本

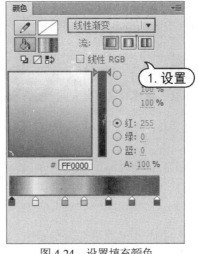

图 4-24 设置填充颜色

(5) 在【工具】面板中选择【颜料桶工具】，在各个文字上单击并任意拖动，释放鼠标即可得到各种不同的多彩文字效果，如图 4-25 所示。

图 4-25 设置多彩效果

4.2.4 变形 Flash 文本

将文本分离为填充图形后，可以非常方便地改变文字的形状。要改变分离后文本的形状，可以使用【工具】面板中的【选择工具】或【部分选取工具】等，对其进行各种变形操作。

- 使用【选择工具】编辑分离文本的形状时，可以在未选中分离文本的情况下将光标靠近分离文本的边界。当光标变为 或 形状时，进行拖动，即可改变分离文本的形状，如图 4-26 所示。
- 使用【部分选取工具】对分离文本进行编辑操作时，可以先使用【部分选取工具】选中要修改的分离文本，使其显示出节点，然后选中节点进行拖动或编辑其曲线调整柄，如图 4-27 所示。

图 4-26　使用【选择】工具编辑分离文本　　　　图 4-27　使用【部分选取】工具编辑分离文本

④.2.5　消除文本锯齿

有时 Flash 中的文字会显得模糊不清，这往往是由于创建的文本较小从而无法清楚显示的缘故。在文本的【属性】面板中通过对文本锯齿的设置优化，可以很好地解决这一问题

选中舞台中的文本，然后进入【属性】面板的【字符】选项区域，在【消除锯齿】下拉列表框中选择所需的消除锯齿选项即可消除文本锯齿，如图 4-28 所示。

如果选择【自定义消除锯齿】选项，系统还会打开【自定义消除锯齿】对话框，用户可以在该对话框中设置详细的参数来消除文本锯齿，如图 4-29 所示。

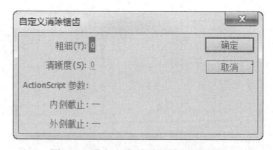

图 4-28　消除锯齿选项　　　　　　　　　　图 4-29　【自定义消除锯齿】对话框

当用户使用消除锯齿功能后，Flash 中的文字边缘将会变得平滑细腻，锯齿和马赛克现象将得到改观，如图 4-30 所示。

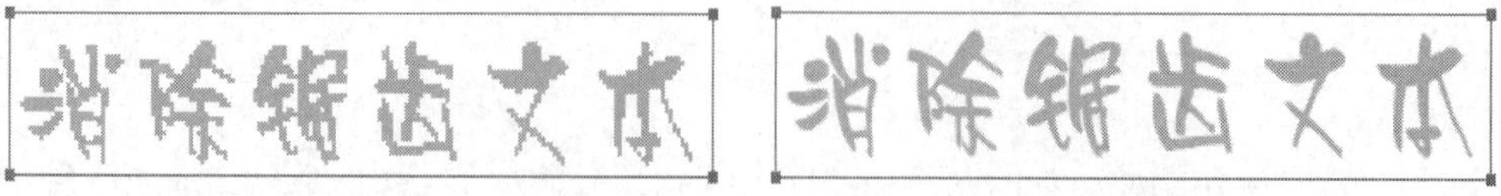

消除锯齿前　　　　　　　　　　　　　消除锯齿后

图 4-30　消除锯齿效果

4.2.6　添加文字链接

在 Flash CC 2015 中，可以将静态或动态的水平文本链接到 URL，从而在单击该文本的时候，可以跳转到其他文件、网页或电子邮件。

要将水平文本链接到 URL，首先要使用工具箱中的【文本工具】选择文本框中的部分文本，或使用【选择工具】从舞台中选择一个文本框。然后在其属性面板的【链接】中输入要将文本块链接到的 URL 地址，如图 4-31 所示。

图 4-31　输入 URL 地址

【例 4-4】新建文档，使用文字链接功能。

(1) 启动 Flash CC 2015，新建一个文档。选择【文件】|【导入】|【导入到舞台】命令，打开【导入】对话框。选择一张位图图片文件，然后单击【打开】按钮，如图 4-32 所示。

(2) 此时，在舞台上显示该图片，调整其大小和位置，如图 4-33 所示。

图 4-32　导入位图

图 4-33　调整图片

(3) 在【工具】面板中选择【文本工具】，在其【属性】面板中设置为静态文本，字体为隶书，字号为 40，颜色为绿色，如图 4-34 所示。

(4) 单击舞台合适位置，在文本框中输入"进入网站"文本，如图 4-35 所示。

图 4-34　设置文本

图 4-35　输入文本

(5) 选中文本，在【属性】面板中打开【选项】组，在【链接】文本框内输入新浪网的网址，如图 4-36 所示。

(6) 按 Ctrl+Enter 组合键测试影片。将光标移至文本上方，光标会变为手型，单击文本，即可打开浏览器，进入新浪网首页，如图 4-37 所示。

图 4-36　输入网址

图 4-37　单击链接

④.2.7　制作上下标文本

在输入某些特殊文本时(如一些数学公式)，需要将文本内容转为上下标类型。用户在【属性】面板中进行设置即可。

【例4-5】新建文档，制作上下标文本。

(1) 启动 Flash CC 2015，新建一个文档。在【工具】面板中选择【文本工具】，在其【属性】面板中设置为静态文本，字体为 Arial，字号为 60，颜色为蓝色，如图 4-38 所示。

(2) 在舞台中输入一组数学公式，如图 4-39 所示。

图 4-38　设置文本属性

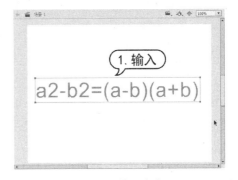

图 4-39　输入公式

(3) 选中字母后面的 2。在【属性】面板中单击【切换上标】按钮，设置为上标文本，如图 4-40 所示。

(4) 继续再输入一组公式，效果如图 4-41 所示。

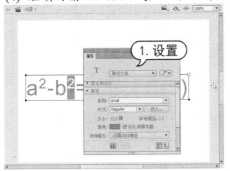

图 4-40　设置上标文本

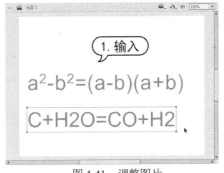

图 4-41　调整图片

(5) 选中字母后面的 2。在【属性】面板中单击【切换下标】按钮，设置为下标文本，如图 4-42 所示。

(6) 选择【文件】|【保存】命令，将该文档以"制作上下标文本"为名保存，效果如图 4-43 所示。

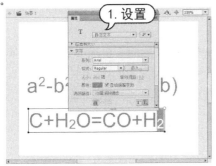

图 4-42　设置下标文本

图 4-43　保存文档

④.3 添加 Flash 文本滤镜

滤镜是一种应用到对象上的图形效果，Flash CC 2015 允许对文本添加滤镜效果，使文字表现效果更加绚丽多彩。该项操作主要通过【属性】面板中的【滤镜】选项组来完成。

④.3.1 选择文本滤镜

选中文本后，打开【属性】面板。单击【滤镜】选项卡，打开该选项卡面板。单击【添加滤镜】按钮 ，在弹出的下拉列表中可以选择要添加的滤镜选项，也可以执行删除、启用和禁止滤镜效果，如图 4-44 所示。

图 4-44 选择滤镜效果

单击【添加滤镜】按钮 后，即可打开一个列表。用户可以在该列表中选择需要的一个或多个滤镜效果进行添加。添加后的效果将会显示在【滤镜】选项组中。如果单击【删除滤镜】按钮 ，可以删除选中的滤镜效果。

④.3.2 添加【投影】滤镜

【投影】滤镜是模拟对象投影到一个表面的效果，该滤镜属性的主要选项参数如图 4-45 所示，使用【投影】滤镜效果如图 4-46 所示。其各选项具体作用如下。

- ◉ 【模糊 X】和【模糊 Y】：设置投影的宽度和高度。
- ◉ 【强度】：设置投影的阴影暗度，暗度与该文本框中的数值成正比。
- ◉ 【品质】：设置投影的质量。
- ◉ 【角度】：设置阴影的角度。

- ⊙　【距离】：设置阴影与对象之间的距离。
- ⊙　【挖空】：选中该复选框可将对象实体隐藏，而只显示投影。
- ⊙　【内阴影】：选中该复选框可在对象边界内应用阴影。
- ⊙　【隐藏对象】：选中该复选框可隐藏对象，并只显示其投影。
- ⊙　【颜色】：设置阴影颜色。

图 4-45　【投影】滤镜选项

图 4-46　【投影】滤镜效果

4.3.3　添加【模糊】滤镜

　　添加【模糊】滤镜可以柔化对象的边缘和细节，该滤镜属性的主要选项参数如图 4-47 所示，使用【模糊】滤镜效果如图 4-48 所示。其各选项具体作用如下。

- ⊙　【模糊 X】和【模糊 Y】：设置模糊的宽度和高度。
- ⊙　【品质】：设置模糊的质量级别。

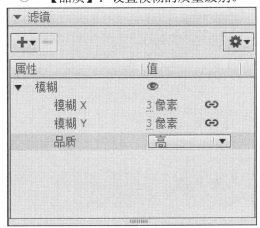

图 4-47　【模糊】滤镜选项

图 4-48　【模糊】滤镜效果

计算机 基础与实训教材系列

④.3.4　添加【发光】滤镜

添加【发光】滤镜可以使对象本身发光，该滤镜属性的主要选项参数如图 4-49 所示，使用【模糊】滤镜效果如图 4-50 所示。其各选项具体作用如下。

- ⦿ 【模糊 X】和【模糊 Y】：设置发光的宽度和高度。
- ⦿ 【强度】：设置对象的透明度。
- ⦿ 【品质】：设置发光质量级别。
- ⦿ 【颜色】：设置发光颜色。
- ⦿ 【挖空】：选中该复选框可将对象实体隐藏，而只显示发光。
- ⦿ 【内发光】：选中该复选框可使对象只在边界内应用发光。

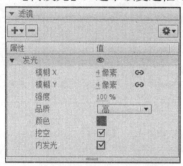

図 4-49　【发光】滤镜选项　　　　　　図 4-50　【发光】滤镜效果

④.3.5　添加【斜角】滤镜

【斜角】滤镜的大部分属性设置与【投影】、【模糊】或【发光】滤镜属性相似，如图 4-51 所示。

单击【类型】选项旁的按钮，在弹出的菜单中可以选择【内侧】、【外侧】、【全部】这 3 个选项，可以分别对对象进行内斜角、外斜角或完全斜角的效果处理。如图 4-52 所示为内侧斜角滤镜效果。

図 4-51　【斜角】滤镜选项　　　　　　図 4-52　内侧斜角滤镜效果

使用外侧斜角滤镜的效果如图 4-53 所示，使用全部斜角滤镜的效果如图 4-54 所示。

图 4-53　外侧斜角滤镜效果　　　　　　　　图 4-54　全部斜角滤镜效果

4.3.6　添加【渐变发光】滤镜

添加【渐变发光】滤镜，可以使发光表面具有渐变效果，该滤镜的属性选项如图 4-55 所示。

将光标移动至该面板的【渐变】栏上，当光标变为 + 形状时单击，可以添加一个颜色指针。单击该颜色指针，可以在弹出的颜色列表中设置渐变颜色；移动颜色指针的位置，则可以设置渐变色差，如图 4-56 所示。

图 4-55　【渐变发光】滤镜选项　　　　　　　图 4-56　使用颜色指针

使用【渐变发光】滤镜的效果如图 4-57 所示。

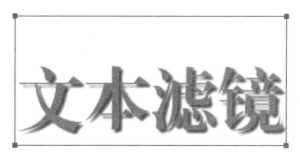

图 4-57　【渐变发光】滤镜效果

④.3.7　添加【渐变斜角】滤镜

　　【渐变斜角】滤镜，可以使对象产生凸起效果，并且斜角表面具有渐变颜色。该滤镜的属性
选项如图 4-58 所示。其中，【渐变】选项和【渐变发光】里的设置相似，【渐变】栏内最多可
以添加 15 个颜色指针，即最多可以创建 15 种颜色渐变。使用【渐变斜角】滤镜的效果如图 4-59
所示。

　　　　图 4-58　【渐变斜角】滤镜选项　　　　　　　　　图 4-59　【渐变斜角】滤镜效果

④.3.8　添加【调整颜色】滤镜

　　添加【调整颜色】滤镜，可以调整对象的亮度、对比度、色相和饱和度。可以通过修改选项
数值的方式，为对象的颜色进行调整，该滤镜的属性选项如图 4-60 所示。使用【调整颜色】滤
镜的效果如图 4-61 所示。

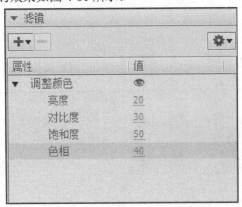

　　　　图 4-60　【调整颜色】滤镜选项　　　　　　　　　图 4-61　【调整颜色】滤镜效果

【例4-6】新建文档，给文本添加多种滤镜效果。

(1) 启动 Flash CC 2015，新建一个文档。在【工具】面板中选择【文本】工具，在其【属性】面板中设置为静态文本，字体为隶书，字号为 20，颜色为蓝色。在舞台中输入诗词文本，效果如图 4-62 所示。

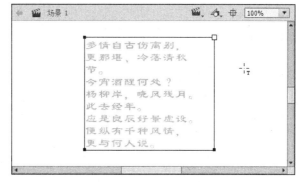

图 4-62　设置并输入文本

(2) 选中文本框，在【属性】面板中打开【滤镜】组，单击【添加滤镜】按钮，在下拉菜单中选择【投影】选项。设置里面的选项。此时，舞台中的文本显示其投影效果，如图 4-63 所示。

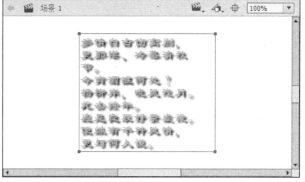

图 4-63　添加【投影】滤镜效果

(3) 在【属性】面板中打开【滤镜】组，单击【添加滤镜】按钮。在下拉菜单中选择【渐变发光】选项，设置里面选项。舞台中的文本显示其投影加上渐变发光的效果，如图 4-64 所示。

图 4-64　添加【渐变发光】滤镜效果

(4) 使用以上方法，再添加【调整颜色】滤镜。设置其选项属性，最后文本的效果如图 4-65 所示。

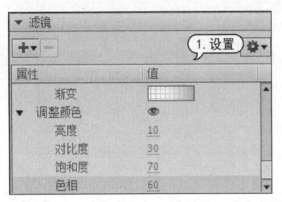

图 4-65　添加【调整颜色】滤镜效果

④.4　上机练习

本章的上机练习主要是制作登录界面，从而使用户更好地掌握本章的基本操作内容。

(1) 启动 Flash CC 2015，打开一个素材文档，如图 4-66 所示。

(2) 选择【插入】|【时间轴】|【图层】命令，插入新图层，如图 4-67 所示。

图 4-66　素材文档

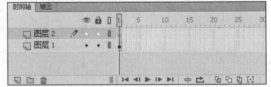

图 4-67　插入新图层

(3) 选中【文本工具】，打开【属性】面板。设置文本类型为【输入文本】，样式为微软雅黑，大小为 22，颜色为蓝色，如图 4-68 所示。

(4) 在舞台中图形上的【用户名：】和【密码：】项目后绘制两个文本框，如图 4-69 所示。

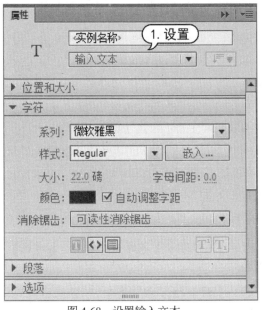

图 4-68 设置输入文本

图 4-69 绘制文本框

(5) 使用【选择】工具选中文本框。打开其【属性】面板，单击【在文本周围显示边框】按钮■，如图 4-70 所示。

(6) 此时文本框将显示边框，效果如图 4-71 所示。

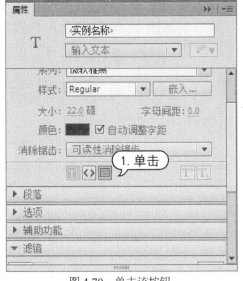

图 4-70 单击该按钮

图 4-71 显示边框

(7) 选择【密码：】项目后的文本框，打开【属性】面板的【段落】选项卡。在【行为】下拉列表中选择【密码】选项，设置文本的行为类型为密码，如图 4-72 所示。

(8) 选择任意一个文本框，选择【文本】|【字体嵌入】命令。打开【字体嵌入】对话框，为文本所设置的字体设置名称"微软雅黑"。然后单击【添加新字体】按钮➕，设置文本字体嵌入文件。单击【确定】按钮，效果如图 4-73 所示。

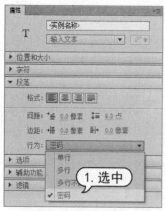

图 4-72 选择【密码】选项

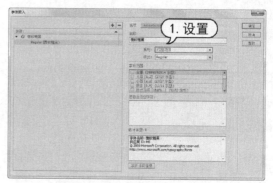

图 4-73 【字体嵌入】对话框

(9) 选择任意一个文本框，打开【属性】面板。设置【消除锯齿】选项为【使用设备字体】选项，使用相同方法设置另一个文本框，如图 4-74 所示。

(10) 选择【文件】|【另存为】命令，打开【另存为】对话框。将其命名为"登录界面"加以保存。

(11) 按 Ctrl+Enter 组合键测试影片，输入用户名和密码，密码文本以星号显示，如图 4-75 所示。

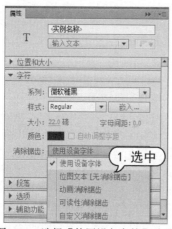

图 4-74 选择【使用设备字体】选项

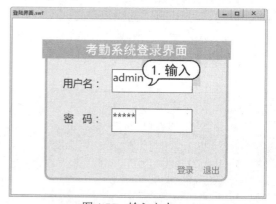

图 4-75 输入文本

4.5 习题

1. 简述 Flash 文本的类型。
2. 如何创建输入文本？
3. 使用【文本工具】和【滤镜】工具创建发光和投影文字效果。

导入多媒体元素

学习目标

Flash CC 2015 作为矢量动画处理程序，也可以导入外部位图和视频、音频等多媒体文件作为特殊的元素应用，从而为制作 Flash 动画提供了更多可以应用的素材。本章将主要介绍在 Flash CC 2015 中导入和使用多媒体元素对象的操作内容。

本章重点

- ⊙ 导入位图文件
- ⊙ 导入其他格式图像
- ⊙ 导入声音文件
- ⊙ 压缩声音
- ⊙ 导入视频文件

5.1 导入外部图形

Flash CC 虽然也支持图形的绘制，但是它毕竟无法与专业的绘图软件相媲美。因此，从外部导入制作好的图形元素成为 Flash 动画设计制作过程中常用的操作。

5.1.1 导入位图

Flash CC 2015 可以导入目前大多数主流图像格式，具体的文件类型和文件扩展名可以参照表 5-1。

位图是制作影片时最常用到的图形元素之一。在 Flash CC 中默认支持的位图格式包括 BMP、JPEG 和 GIF 等。

表5-1　可导入图形格式

文件类型	扩 展 名
Adobe Illustrator	.eps、.ai
AutoCAD DXF	.dxf
BMP	.bmp
增强的 Windows 元文件	.emf
FreeHand	.fh7、.fh8、.fh9、.fh10、.fh11
GIF 和 GIF 动画	.gif
JPEG	.jpg
PICT	.pct、.pic
PNG	.png
Flash Player	.swf
MacPaint	.pntg
Photoshop	.psd
QuickTime 图像	.qtif
Silicon 图形图像	.sgi
TGA	.tga
TIFF	.tif

　　要将位图图像导入舞台，可以选择【文件】|【导入】|【导入到舞台】命令，打开【导入】对话框。选择需要导入的图形文件后，单击【打开】按钮即可将其导入到当前的 Flash 文档舞台中，如图 5-1 所示。

　　在导入图像文件到 Flash 文档中时，可以选中多个图像同时导入，方法是：按住 Ctrl 键或使用鼠标进行拖动，然后选中多个图像文件的缩略图即可实现同时导入，如图 5-2 所示。

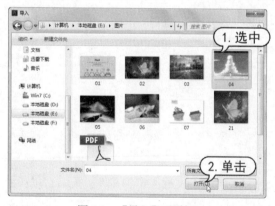

图 5-1　【导入】对话框

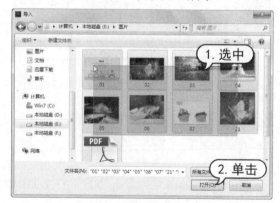

图 5-2　选择多个文件导入

　　在使用【导入到舞台】命令导入图像时，如果导入文件的名称是以数字序号结尾的，并且在该文件夹中还包含有其他多个这样的文件名的文件时，会打开一个信息提示框。该提示框表示打

开的该文件可能是序列图像文件中的一部分，并询问是否导入该序列中的所有图像，如果单击
【是】按钮，则导入所有的序列图像；如果单击【否】按钮，则将只导入选定的图像文件，如图
5-3 所示。

用户不仅可以将位图图像导入到舞台中直接使用，也可以选择【文件】|【导入】|【导入到
库】命令。先将需要的位图图像导入到该文档的【库】面板中，在需要时打开【库】面板再将其
拖至舞台中使用。

图 5-3　信息提示

图 5-4　导入【库】面板

5.1.2　编辑导入的位图

在导入了位图文件后，可以进行各种编辑操作，如修改位图属性、将位图分离或者将位图转
换为矢量图等。

1. 设置位图属性

要修改位图图像的属性，可在导入位图图像后，在【库】面板中位图图像的名称处右击，在
弹出的快捷菜单中选择【属性】命令，打开【位图属性】对话框进行设置，如图 5-5 所示。

图 5-5　【位图属性】对话框

在【位图属性】对话框中，主要参数选项的具体作用如下。

- 在【选项】选项卡里，第一行的文本框中显示的是位图图像的名称，可以在该文本框中更改位图图像在 Flash 中显示的名称。

- 【允许平滑】：选中该复选框，可以使用消除锯齿功能平滑位图的边缘。

- 【压缩】：在该选项下拉列表中可以选择【照片(JPEG)】选项，可以按照 JPEG 格式压缩图像，对于具有复杂颜色或色调变化的图像，如具有渐变填充的照片或图像，常使用【照片(JPEG)】压缩格式；选择【无损(PNG/GIF)】选项，可以使用无损压缩格式压缩图像，这样不会丢失该图像中的任何数据；具有简单形状和相对较少颜色的图像，则常使用【无损(PNG/GIF)】压缩格式。

- 【品质】：有【使用导入的 JPEG 数据】和【自定义】单选按钮可以选择。在【自定义】后面输入数值来调节压缩位图品质，值越大图像越完整，同时产生的文件也就越大。

- 【更新】按钮：单击该按钮，可以按照设置对位图图像进行更新。

- 【导入】按钮：单击该按钮，打开【导入位图】对话框。选择导入新的位图图像，以替换原有的位图图像。

- 【测试】按钮：单击该按钮，可以对设置效果进行测试。在【位图属性】对话框的下方将显示设置后图像的大小及压缩比例等信息，如图 5-6 所示。可以将原来的文件大小与压缩后的文件大小进行比较，从而确定选定的压缩设置是否可以接受。

导入的 JPEG：原始文件 = 3145.7 kb，压缩后 = 846.0 kb，是原来的 26%

图 5-6　显示图像压缩比例

2. 分离位图

分离位图可将位图图像中的像素点分散到离散的区域中，这样可以分别选取这些区域并进行编辑修改。

在分离位图时可以先选中舞台中的位图图像，然后选择【修改】|【分离】命令，或者按下 Ctrl+B 组合键即可对位图图像进行分离操作。在使用【选择】工具选择分离后的位图图像时，该位图图像上将被均匀地蒙上了一层细小的白点，这表明该位图图像已完成了分离操作，如图 5-7 所示。此时，可以使用工具箱中的图形编辑工具对其进行修改。

图 5-7　分离位图

3. 位图转换为矢量图

如果需要对导入的位图图像进行更多的编辑修改，可以将位图转换为矢量图形。

要将位图转换为矢量图，可先选中要转换的位图图像。然后，选择【修改】|【位图】|【转换位图为矢量图】命令，打开【转换位图为矢量图】对话框，如图 5-8 所示。

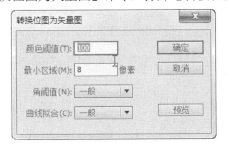

提示

如果对位图进行了较高精细度的转换，则生成的矢量图形可能会比原来的位图要大得多。

图 5-8 【转换位图为矢量图】对话框

该对话框中各选项功能如下。

- 【颜色阈值】：可以在文本框中输入 1~500 之间的值。当该阈值越大时转换后的颜色信息也就丢失得越多，但是转换的速度会比较快。

- 【最小区域】：可以在文本框中输入 1~1000 之间的值，用于设置在指定像素颜色时要考虑的周围像素的数量。该文本框中的值越小转换的精度就越高，但相应的转换速度会较慢。

- 【角阈值】：可以选择是保留锐边还是进行平滑处理。可以在下拉列表中选择【较多转角】选项，可使转换后的矢量图中的尖角保留较多的边缘细节；选择【较少转角】选项，则转换后矢量图中的尖角边缘细节会较少。

- 【曲线拟合】：可以选择用于确定绘制轮廓的平滑程度。在下拉列表中包括【像素】、【非常紧密】、【紧密】、【正常】、【平滑】和【非常平滑】这 6 个选项。

【例 5-1】转换位图为矢量图并进行编辑。

(1) 启动 Flash CC，新建一个文档。选择【文件】|【导入】|【导入到舞台】命令，打开【导入】对话框。导入位图图像，单击【打开】按钮，导入到舞台中，如图 5-9 所示。

(2) 选中导入的位图图像，选择【修改】|【位图】|【转换位图为矢量图】命令，打开【转换位图为矢量图】对话框。对于一般的位图图像而言，设置【颜色阈值】为 10~20，可以保证图像不会明显失真，如图 5-10 所示。

图 5-9 导入位图

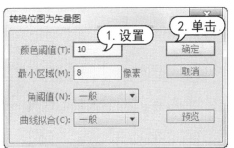

图 5-10 【转换位图为矢量图】对话框

计算机 基础与实训教材系列

(3) 此时，位图已经转换为矢量图形，如图 5-11 所示。

(4) 选择【工具】面板中的【滴管工具】。将光标移至图像中间的白云位置，单击吸取图像颜色，如图 5-12 所示。

图 5-11　转换为矢量图

图 5-12　使用滴管吸取颜色

(5) 选择【工具】面板中的【画笔工具】。将光标移至图像中间的字符上，进行拖动，刷上白色掩盖文字，如图 5-13 所示。

(6) 选择【工具】面板中的【文本工具】。在【属性】面板中设置静态文本，然后设置文本颜色为绿色，字体为华文琥珀，大小为 40，如图 5-14 所示。

图 5-13　使用刷子掩盖文字

图 5-14　设置静态文本

(7) 单击舞台图片，在文本框中输入文本，如图 5-15 所示。

(8) 选择【文件】|【保存】命令，打开【另存为】对话框。将其命名为"位图转换为矢量图"，如图 5-16 所示。

图 5-15　输入文本

图 5-16　保存文档

5.1.3 导入其他图形格式

在 Flash CC 2015 中，还可以导入 PSD、AI 等格式的图像文件。导入这些格式图像文件可以保证图像的质量和保留图像的可编辑性。

1. 导入 PSD 文件

要导入 Photoshop 的 PSD 文件，可以选择【文件】|【导入】|【导入到舞台】命令。在打开的【导入】对话框中选择要导入的 PSD 文件，然后单击【打开】按钮，打开【将*.psd 导入到舞台】对话框，如图 5-17 所示。

在【将*.psd 导入到舞台】对话框中，【将图层转换为】选项区域下有 3 个单选按钮，其具体的作用如下。

- 【Flash 图层】：选择该选项后，在【检查要导入的 Photoshop 图层】列表框中选中的图层导入 Flash CC 2015 后将会放置在各自的图层上，并且具有与原来 Photoshop 图层相同的图层名称。
- 【单一 Flash 图层】选项：选择该选项后，可以将导入文档中的所有图层转换为 Flash 文档中的单个平面化图层。
- 【关键帧】选项：选择该选项后，在【检查要导入的 Photoshop 图层】列表框中选中的图层。在导入 Flash CC 2015 后将会按照 Photoshop 图层从下到上的顺序，将它们分别放置在一个新图层的从第 1 帧开始的各关键帧中。并且以 PSD 文件的文件名来命名该新图层。

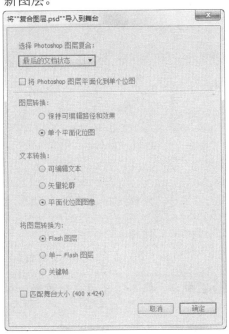

图 5-17 【将*.psd 导入到舞台】对话框

图 5-18 【将*.ai 导入到舞台】对话框

计算机基础与实训教材系列

2. 导入 AI 文件

AI 文件是 Illustrator 软件的默认保存格式，要导入 AI 文件，可以选择【文件】|【导入】|【导入到舞台】命令。在打开的【导入】对话框中选中要导入的 AI 文件，单击【确定】按钮，打开【将*.ai 导入到舞台】对话框，如图 5-18 所示。在【将*.ai 导入到舞台】对话框中的【将图层转换为】选项区域内，可以选择将 AI 文件的图层转换为 Flash 图层、关键帧或单一 Flash 图层。

在【将*.ai 导入到舞台】对话框中，其他主要参数选项的具体作用如下。

- 【匹配舞台大小】：选中该复选框，导入 AI 图像文件。舞台的大小将调整为与 AI 文件的画板(或活动裁剪区域)相同的大小。默认情况下，该选项是未选中的状态。

- 【导入未使用的符号】：选中该复选框，在 Illustrator 画板上没有实例的所有 AI 图像文件的库元件都将导入到 Flash 库中。如果没有选中该选项，那么没有使用的元件就不会被导入到 Flash 中。

- 【单个平面化位图】：选中该单选按钮，可以将 AI 图像文件整个导入为单个的位图图像。

【例 5-2】导入 AI 文件并转换为位图文件。

(1) 启动 Flash CC 2015，新建一个文档。选择【文件】|【导入】|【导入到舞台】命令，打开【导入】对话框。选择 "樱桃.ai" 文件，单击【打开】按钮，如图 5-19 所示。

(2) 打开【将 "*.ai" 导入到舞台】对话框。在【将图层转换为】选项区域中，选中【单一 Flash 图层】单选按钮，然后单击【确定】按钮，如图 5-20 所示。

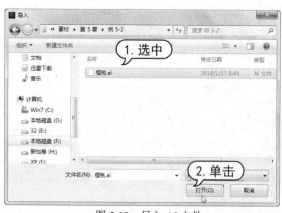

图 5-19 导入 AI 文件

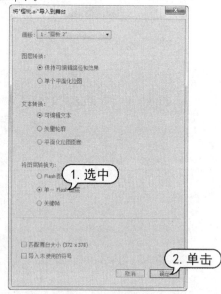

图 5-20 【将*.ai 导入到舞台】对话框

(3) 选择多个混合对象，选择【修改】|【组合】命令，将其组合为一个图形，如图 5-21 所示。

(4) 选择【修改】|【转换为位图】命令，此时将该组合转换为位图，如图 5-22 所示。

图 5-21 组合图形

图 5-22 转换为位图

(5) 将该文档命名为"导入 AI 文件",加以保存。

 提示--

此外,Flash CC 2015 还可以导入由 Fireworks 软件生成的 PNG 和 FreeHand 等文件。

⑤.2 导入声音

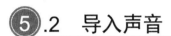

声音是 Flash 动画的重要组成元素之一,它可以增添动画的表现能力。在 Flash CC 中,用户可以使用多种方法在影片中添加音频文件,从而创建出有声影片。

⑤.2.1 导入声音文件

Flash 在导入声音时,可以为按钮添加音效,也可以将声音导入到时间轴上,作为整个动画的背景音乐。在 Flash CC 2015 中,可以将外部的声音文件导入到动画中,也可以使用共享库中的声音文件。

1. 声音类型

在 Flash 动画中插入声音文件,首先需要决定插入声音的类型。Flash CC 2015 中的声音分为事件声音和音频流这两种。

- 事件声音:事件声音必须在动画全部下载完后才可以播放,如果没有明确的停止命令,它将连续播放。在 Flash 动画中,事件声音常用于设置单击按钮时的音效,或者用来表现动画中某些短暂动画时的音效。因为事件声音在播放前必须全部下载才能播放,因此,此类声音文件不能过大,以减少下载动画时间。在运用事件声音时要注意,无论什么情况下,事件声音都是从头开始播放的,且无论声音的长短都只能插入到一个帧中。

⊙ 音频流：音频流在前几帧下载了足够的数据后就开始播放，通过和时间轴同步可以使其更好地在网站上播放，可以边观看边下载。此类声音多应用于动画的背景音乐。

 提示------

在实际制作动画过程中，绝大多数是结合事件声音和音频流这两种类型声音的方法来插入音频的。

声音的采样率是采集声音样本的频率，即在一秒钟的声音中采集了多少次样本。声音采样率与声音品质的关系如表 5-2 所示。

表 5-2　采样率和声音品质的关系

采 样 率	声 音 品 质
48 kHz	专业录音棚效果
44.1kHz	CD 效果
32kHz	接近 CD 效果
22.05kHz	FM 收音机效果
11.025kHz	作为声效可以接受
5kHz	简单的人声可以接受

 提示------

几乎所有的声卡内置的采样频率都是 44.1 kHz，所以在 Flash 动画中播放的声音的采样率应该是 44.1 的倍数，如 22.05、11.025 等。如果使用了其他采样率的声音，Flash 会对它进行重新采样。虽然可以播放，但是最终播放出来的声音可能会比原始声音的声调偏高或偏低，这样就会偏离原来的创意，影响整个 Flash 动画的效果。

声音还有声道的概念，声道也就是声音通道。把一个声音分解成多个声音通道，再分别进行播放。增加一个声道也就意味着多一倍的信息量，声音文件也相应大一倍。为减小声音文件大小，在 Flash 动画中通常使用单声道就可以了。

2. 导入声音到库

在 Flash CC 2015 中，可以导入 WAV、MP3 等文件格式的声音文件，但不能直接导入 MIDI 文件。导入文档的声音文件一般会保存在【库】面板中。因此，与元件一样，只需要创建声音文件的实例就可以按照各种方式在动画中使用该声音。

要将声音文件导入 Flash 文档的【库】面板中，可以选择【文件】|【导入】|【导入到库】命令，打开【导入到库】对话框。选择导入的声音文件，单击【打开】按钮，如图 5-23 所示。此时将添加声音文件至【库】面板中，如图 5-24 所示。

图 5-23　选择声音文件

图 5-24　【库】面板中的声音文件

3. 导入声音到文档

　　导入声音文件后，可以将声音文件添加到文档中。要在文档中添加声音，从【库】面板中拖动声音文件到舞台中，即可将其添加至当前文档中。选择【窗口】|【时间轴】命令，打开【时间轴】面板，在该面板中显示了声音文件的波形，如图 5-25 所示。

　　选择时间轴中包含声音波形的帧，打开【属性】面板，可以查看【声音】选项卡属性，如图 5-26 所示。

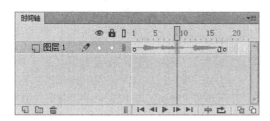

图 5-25　时间轴面板中的声音

图 5-26　【声音】选项卡属性

　　在帧【属性】面板中，【声音】选项卡的主要参数选项具体作用如下。

- ◉ 【名称】：选择导入的一个或多个声音文件名称。
- ◉ 【效果】：设置声音的播放效果。
- ◉ 【同步】：设置声音的同步方式。
- ◉ 【重复】：单击该按钮，在下拉列表中可以选择【重复】和【循环】这两个选项。选择【重复】选项，可以在右侧的【循环次数】文本框中输入声音外部循环播放次数；选择【循环】选项，声音文件将循环播放。

⑤.2.2 编辑导入的声音

在 Flash CC 2015 中，可以执行改变声音开始播放、停止播放的位置和控制播放的音量等编辑操作。

1. 编辑声音封套

选择一个包含声音文件的帧，打开【属性】面板。单击【编辑声音封套】按钮✎，打开【编辑封套】对话框。其中，上面和下面两个显示框分别代表左声道和右声道，如图5-27所示。

在【编辑封套】对话框中，主要参数选项的具体作用如下。

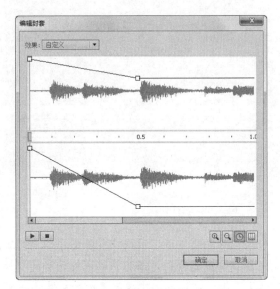

图 5-27 【编辑封套】对话框

- ⊙ 【效果】：设置声音的播放效果。在该下拉列表框中可以选择【无】、【左声道】、【右声道】、【从左到右淡出】、【从右到左淡出】、【淡入】、【淡出】和【自定义】这 8 个选项。选择任意效果，即可在下面的显示框中显示该声音效果的封套线。

- ⊙ 封套手柄：在显示框中拖动封套手柄，可以改变声音不同点处的播放音量。在封套线上单击，即可创建新的封套手柄。最多可创建 8 个封套手柄。选中任意封套手柄，拖动至对话框外面，即可删除该封套手柄。

- ⊙ 【放大】和【缩小】：改变窗口中声音波形的显示。单击【放大】按钮🔍，可以按照水平方向放大显示窗口的声音波形，一般用于进行细致查看声音波形操作；单击【缩小】按钮🔍，可以按照水平方向缩小显示窗口的声音波形，一般用于查看波形较长的声音文件。

- ⊙ 【秒】和【帧】：设置声音是以秒为单位显示或是以帧为单位显示。单击【秒】按钮🕐，以显示窗口中的水平轴为时间轴，刻度以秒为单位，是 Flash CC 默认的显示状态。单击【帧】按钮⊞，以窗口中的水平轴为时间轴，刻度以帧为单位。

- ⊙ 【播放】：单击【播放】按钮▶，可以测试编辑后的声音效果。

- ⊙ 【停止】：单击【停止】按钮■，可以停止声音的播放。

- ⊙ 【开始时间】和【停止时间】：拖动▌改变声音的起始点和结束点位置。

2. 【声音属性】对话框

添加的声音文件也可以设置属性。导入声音文件到【库】面板中，右击声音文件，在弹出的快捷菜单中选择【属性】命令。打开【声音属性】对话框，如图5-28所示。

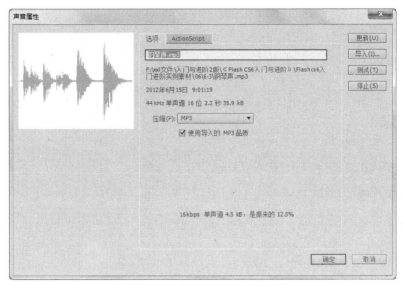

图 5-28　【声音属性】对话框

在【声音属性】对话框中，主要参数选项的具体作用如下。

- ⦿ 【名称】文本框：显示当前选择的声音文件名称。可以在文本框中重新输入名称。
- ⦿ 【压缩】：设置声音文件在 Flash 中的压缩方式，在该下拉列表框中可以从默认、ADPCM、MP3、Raw 和语音这 5 种压缩方式中进行选择。在后面的章节中得到详细的介绍。
- ⦿ 【更新】：单击该按钮，可以更新设置好的声音文件属性。
- ⦿ 【导入】：单击该按钮，可以导入新的声音文件并且替换原有的声音文件。但在【名称】文本框显示的仍是原有声音文件的名称。
- ⦿ 【测试】：单击该按钮，按照当前设置的声音属性测试声音文件。
- ⦿ 【停止】：单击该按钮，可以停止正在播放的声音。

⑤.2.3　导出声音

使用 Flash CC 2015 导出声音文件，除了通过采样比率和压缩控制声音的大小，还可以有效地控制声音文件的大小。

导出 Flash 文档声音标准的几种具体操作方法如下。

- ⦿ 打开【编辑封套】对话框，设置开始时间切入点和停止时间切出点，以避免静音区域保存在 Flash 文件中，减小声音文件的大小，如图 5-29 所示。
- ⦿ 在不同关键帧上应用同一声音文件的不同声音效果，如循环播放、淡入、淡出等。这样只使用一个声音文件而得到更多的声音效果，同时达到减小文件大小的目的，如图 5-30 所示。

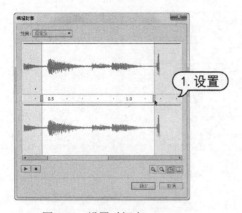

图 5-29　设置时间点　　　　　　　图 5-30　设置声音效果

- 用短声音作为背景音乐循环播放。

- 从嵌入的视频剪辑中导出音频时，该音频是通过【发布设置】对话框中选择的全局流设置导出的。

- 在编辑器中预览动画时，使用流同步可以使动画和音轨保持同步。不过，如果计算机运算速度不够快，绘制动画帧的速度将会跟不上音轨，那么 Flash 就会跳过某些帧。

在制作动画过程中，如果没有对声音属性进行设置，也可以在发布声音时设置。选择【文件】|【发布设置】命令，打开【发布设置】对话框，如图 5-31 所示。选中 Flash 复选框，单击右边的【音频流】和【音频事件】链接，可以打开相应的【声音设置】对话框。该对话框中的参数选项设置方法与【声音属性】对话框中设置相同，如图 5-32 所示。

图 5-31　【发布设置】面板　　　　　　图 5-32　【声音设置】对话框

【例 5-3】打开一个文档，设置其中声音属性。

(1) 启动 Flash CC 2015，打开"飞机飞行"文档，如图 5-33 所示。

(2) 选择【声音】图层的帧，打开其【属性】面板，单击【编辑声音封套】按钮，如图 5-34 所示。

图 5-33　打开文档

图 5-34　单击该按钮

(3) 打开【编辑封套】对话框，在【效果】下拉列表中选择【从左到右淡出】选项。然后拖动滑块，设置【停止时间】为 16s。最后单击【确定】按钮，如图 5-35 所示。

(4) 打开【库】面板，选择 fly.WAV 声音元件。右击弹出快捷菜单，选择【属性】命令，如图 5-36 所示。

计算机 基础与实训教材系列

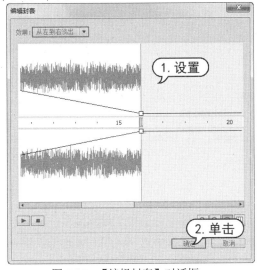

图 5-35　【编辑封套】对话框

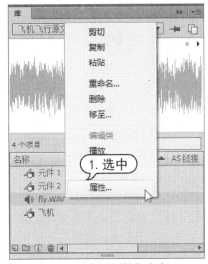

图 5-36　选择【属性】命令

(5) 打开【声音属性】对话框。在【压缩】下拉列表中选择【MP3】选项，在【预处理】选项后面选中【将立体声转换为单声道】复选框。在【比特率】下拉列表中选择 64kbps，在【品质】下拉列表中选择【快速】。然后单击【确定】按钮，如图 5-37 所示。

(6) 选择【文件】|【发布设置】命令，打开【发布设置】对话框。选中 Flash 复选框，单击【音频流】和【音频事件】链接，打开【声音设置】对话框。将【比特率】设置为 64kbps，然后单击【确定】按钮，如图 5-38 所示。

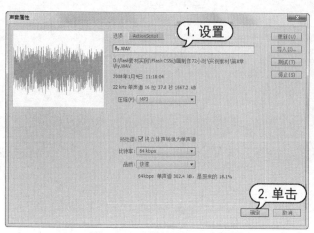

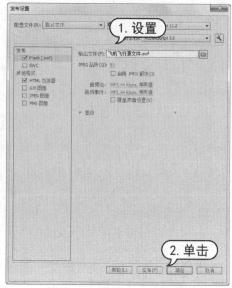

图 5-37 【声音属性】对话框 　　　　　图 5-38 【发布设置】对话框

(7) 选择【文件】|【保存】命令，将其命名为"设置声音"文件，并进行保存。

5.2.4 压缩声音

声音文件的压缩比例越高、采样频率越低，生成的 Flash 文件越小，但音质较差；反之，压缩比例较低采样频率越高时，生成的 Flash 文件越大，音质较好。

打开【声音属性】对话框，在【压缩】下拉列表框中，有【默认】、ADPCM、MP3、Raw 和【语音】这 5 种压缩方式可供选择。

1. ADPCM 压缩

ADPCM 压缩方式用于 8 位或 16 位声音数据压缩声音文件，一般用于导出短事件声音，如单击按钮事件。打开【声音属性】对话框，在【压缩】下拉列表框中选择 ADPCM 选项，展开该选项区域，如图 5-39 所示。

在该选项区域中，主要参数选项具体作用如下。

- 【预处理】：选中【将立体声转换为单声道】复选框，可转换混合立体声为单声(非立体声)，并且不会影响单声道声音。
- 【采样率】：控制声音的保真度及文件大小，设置的采样比率较低，可以减小文件大小，但同时会降低声音的品质。对于语音，5kHz 是最低的可接受标准；对于音乐短片断，11kHz 是最低的建议声音品质；标准 CD 音频的采样率为 44kHz；Web 回放的采样率常用 22kHz。
- 【ADPCM 位】：设置在 ADPCM 编码中使用的位数，压缩比越高，声音文件越小，音效也越差。

2. MP3 压缩

使用【MP3】压缩方式，能够以 MP3 压缩格式导出声音。一般用于导出一段较长的音频流(如一段完整的乐曲)。在打开的【声音属性】对话框中，在【压缩】下拉列表框中选择 MP3 选项，打开该选项区域，如图 5-40 所示。

图 5-39　ADPCM 压缩方式　　　　图 5-40　MP3 压缩方式

在该选项区域中，主要参数选项具体作用如下。

- 【预处理】：选中【将立体声转换为单声道】复选框，可转换混合立体声为单声(非立体声)。【预处理】选项只有在选择的比特率高于 16KB/s 或更高时才可用。
- 【比特率】：决定由 MP3 编码器生成声音的最大比特率，从而可以设置导出声音文件中每秒播放的位数。Flash CC 支持 8Kb/s 到 160KB/s CBR(恒定比特率)，设置比特率为 16KB/s 或更高数值，可以获得较好的声音效果。
- 【品质】：设置压缩速度和声音的品质。在下拉列表框中选择【快速】选项，压缩速度较快，声音品质较低；选择【中】选项，压缩速度较慢，声音品质较高；选择【最佳】选项，压缩速度最慢，声音品质最高。一般情况下，在本地磁盘或 CD 上运行，选择【中】或【最佳】选项。

3. Raw 压缩

使用 Raw 压缩方式，在导出声音时不进行任何压缩。打开【声音属性】对话框，在【压缩】下拉列表框中选择 Raw 选项，打开该选项对话框。在该对话框中，主要可以设置声音文件的【预处理】和【采样率】选项，如图 5-41 所示。

4. 【语音】压缩

使用【语音】压缩方式，能够以适合于语音的压缩方式导出声音。打开【声音属性】对话框中，在【压缩】下拉列表框种选择【语音】选项，打开该选项对话框。在其中，可以设置声音文件的【预处理】和【采样率】选项，如图 5-42 所示。

图 5-41　【Raw】压缩方式　　　　图 5-42　【语音】压缩方式

⑤.3 导入视频

在 Flash CC 2015 中，可以将视频剪辑导入到 Flash 文档中。根据视频格式和所选导入方法的不同，可以将具有视频的影片发布为 Flash 影片(SWF 文件及 FLV 文件)或 QuickTime 影片(MOV 文件)。

⑤.3.1 FLV 文件特点

Flash CC 2015 拥有 Video Encoder 视频编码应用程序，它可以将支持的视频格式转换为 Flash 特有的视频格式，即 FLV 格式。FLV 格式全称为 Flash Video，它的出现有效地解决了视频文件导入 Flash 后过大的问题，已经成为现今主流的视频格式之一。FLV 视频格式主要有以下几个特点。

- ⊙ FLV 视频文件体积小巧，需要占用的 CPU 资源较低。一般情况下，1min 清晰的 FLV 视频的大小在 1MB 左右。一部电影通常在 100MB 左右，仅为普通视频文件体积的 1/3。
- ⊙ FLV 是一种流媒体格式文件，用户可以使用边下载边观看的方式进行欣赏。尤其对于网络连接速度较快的用户而言，在线观看几乎不需要等待时间。
- ⊙ FLV 视频文件利用了网页上广泛使用的 Flash Player 平台。这意味着网站的访问者只要能看 Flash 动画，自然也就可以看 FLV 格式视频，用户无须通过本地的播放器播放视频。
- ⊙ FLV 视频文件可以很方便地导入到 Flash 中进行再编辑，包括对其进行品质设置、裁剪视频大小、音频编码设置等操作，从而使其更符合用户的需要。

⑤.3.2 导入视频文件

导入视频文件为嵌入文件时，该视频文件将成为影片的一部分，如同导入位图或矢量图文件一样。用户可以将具有嵌入视频的影片发布为 Flash 影片。

在 Flash 文档中选择嵌入的视频剪辑后，可以进行编辑操作来设置其属性。选中导入的视频文件，在打开【属性】面板的【实例名称】文本框中，可以为该视频剪辑指定一个实例名称。在【位置和大小】组里的【宽】、【高】、X和 Y 后可以设置影片剪辑在舞台中的位置和大小，如图 5-43 所示。在【组件参数】选项组中，可以设置视频组件播放器的相关参数，如图 5-44 所示。

图 5-43 设置视频位置和大小

图 5-44 设置组件参数

【例 5-4】新建一个文档，导入一个 FLV 视频文件到舞台中。

(1) 启动 Flash CC 2015，新建一个文档。选择【文件】|【导入】|【导入视频】命令，此时打开【导入视频-选择视频】对话框。单击【浏览】按钮，如图 5-45 所示。

(2) 打开【打开】对话框，选择"卡通.flv"视频文件。单击【打开】按钮，返回【导入视频-选择视频】对话框，如图 5-46 所示。

图 5-45　单击【浏览】按钮

图 5-46　【打开】对话框

(3) 选中【使用播放组件加载外部视频】单选按钮，然后单击【下一步】按钮，如图 5-47 所示。

(4) 打开【导入视频-外观】对话框，可以在【外观】下拉列表中选择播放条样式。单击【颜色】按钮，可以选择播放条样式颜色。然后单击【下一步】按钮，如图 5-48 所示。

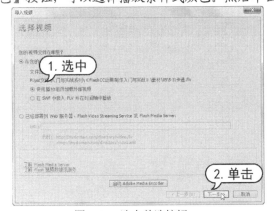

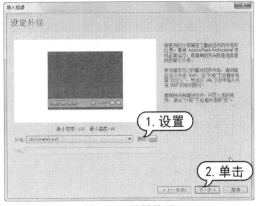

图 5-47　选中单选按钮

图 5-48　设置外观

(5) 打开【导入视频-完成视频导入】对话框。在该对话框中显示了导入视频的一些信息，单击【完成】按钮，即可将视频文件导入到舞台中，如图 5-49 所示。

(6) 按 Ctrl+Enter 组合键预览影片。单击播放条里的播放按钮 ，即可开始播放该视频，如图 5-50 所示。

💿 **提示**

　　导入视频的方法除了使用以上步骤以外，还可以使用 Flash 中的视频组件完成，有关视频组件的相关内容将在以后的章节详细介绍。

计算机 基础与实训教材系列

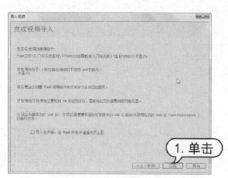

图 5-49　单击【完成】按钮

图 5-50　播放视频

⑤.4　上机练习

本章的上机练习主要是导入声音并设置声音属性，从而使用户更好地掌握 Flash CC 2015 的导入多媒体的操作内容。

(1) 启动 Flash CC 2015，打开一个素材文档，如图 5-51 所示。

(2) 选择【文件】|【导入】|【导入到库】命令，打开【导入到库】对话框。选择声音文件，单击【打开】按钮，如图 5-52 所示。

图 5-51　打开文档

图 5-52　【导入到库】对话框

(3) 在【时间轴】面板上选择【图层 1】。单击【新建图层】按钮，插入新图层【图层 2】。选择该图层的第 1 帧，打开【库】面板，将声音对象拖动到舞台上，如图 5-53 所示。

(4) 打开【属性】面板，设置声音的同步为【事件】选项，如图 5-54 所示。

图 5-53　拖入声音

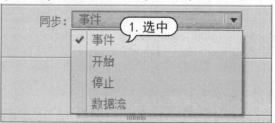

图 5-54　选择【事件】选项

(5) 在【时间轴】面板上单击下方的【播放】按钮 ，如图 5-55 所示。

(6) 此时将在【时间轴】面板上的图层 2 上显示音波，并能听到声音效果，如图 5-56 所示。

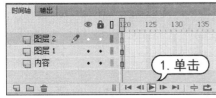
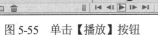

图 5-55　单击【播放】按钮

图 5-56　显示音波

(7) 在图层 2 中选择任意 1 帧，打开【属性】面板，在【效果】下拉列表中选择【自定义】选项，如图 5-57 所示。

(8) 打开【编辑封套】对话框，拖动【开始时间】控件 至 0.5s 处，如图 5-58 所示。

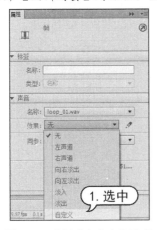

图 5-57　选择【自定义】选项

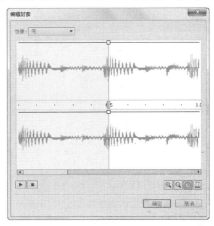

图 5-58　拖动【开始时间】控件

(9) 拖动【停止时间】控件 至 3.5s 处，如图 5-59 所示。

(10) 更改声音封套，拖动封套手柄 来改变声音中不同点处的级别，如图 5-60 所示。

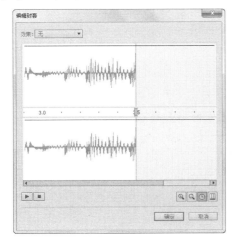

图 5-59　拖动【停止时间】控件

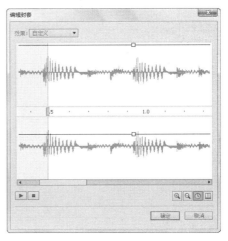

图 5-60　拖动封套手柄

(11) 单击封套线，创建封套手柄，并调整封套手柄。单击【播放声音】按钮预览声音效果，单击【停止声音】按钮停止播放，最后单击【确定】按钮完成设置，如图 5-61 所示。

(12) 选择【文件】|【另存为】命令，打开【另存为】对话框。将文档以"导入和编辑声音"为名另存，如图 5-62 所示。

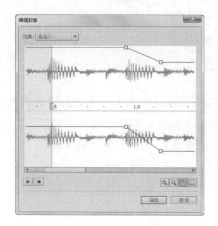

图 5-61　预览声音效果

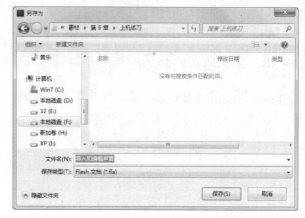

图 5-62　【发布设置】对话框

.5　习题

1. 如何将位图转换为矢量图？

2. 如何导出和导入声音？

3. 新建一个 Flash 文档，导入一个 mp3 格式的声音文件到该文档中。

4. 新建一个 Flash 文档，导入一个 FLV 格式的视频文件到该文档中。

第6章

使用元件、实例和库

学习目标

在动画制作过程中，经常需要重复使用一些特定的动画元素，用户可以将这些元素转换为元件，在制作动画时多次调用。实例是元件在舞台中的具体表现，【库】面板是放置和组织元件的位置。本章将主要介绍在 Flash CC 2015 中使用元件和实例的操作方法，以及【库】资源的相关应用。

本章重点

- ⊙ 使用元件
- ⊙ 使用实例
- ⊙ 使用库

6.1 使用元件

元件是存放在库中可被重复使用的图形、按钮或者动画。在 Flash CC 2015 中，元件是构成动画的基础。凡是使用 Flash 创建的所有文件，都可以通过某个或多个元件来实现。

6.1.1 元件类型

在 Flash CC 2015 中，每个元件都具有唯一的时间轴、舞台及图层。用户可以在创建元件时选择元件的类型，元件类型将决定元件的使用方法。

打开 Flash CC 程序，选择【插入】|【新建元件】命令，打开【创建新元件】对话框，如图6-1 所示。单击【高级】下拉按钮，可以展开对话框，显示更多高级设置，如图 6-2 所示。

图 6-1 【创建新元件】对话框　　　　　　图 6-2 展开【高级】选项

在【创建新元件】对话框中的【类型】下拉列表中可以选择创建的元件类型，提供了【影片剪辑】、【按钮】和【图形】这 3 种类型元件。

这 3 种类型元件的具体作用如下。

- ◉ 【影片剪辑】元件：【影片剪辑】元件是 Flash 影片中一个相当重要的角色。它可以是一段动画，而大部分的 Flash 影片其实都是由许多独立的影片剪辑元件实例组成的。影片剪辑元件拥有绝对独立的多帧时间轴，可以不受场景和主时间轴的影响。【影片剪辑】元件的图标为 ▧。

- ◉ 【按钮】元件：使用【按钮】元件可以在影片中创建响应单击、滑过或其他鼠标动作的交互式按钮。它包括了【弹起】、【指针经过】、【按下】和【点击】这 4 种状态，每种状态上都可以创建不同内容，并定义与各种按钮状态相关联的图形，然后指定按钮实现的动作。【按钮】元件另一个特点是每个显示状态均可以通过声音或图形来显示，从而构成一个简单的交互性动画。【按钮】元件的图标为 ▨。

- ◉ 【图形】元件：对于静态图像可以使用【图形】元件，并可以创建几个链接到主影片时间轴上的可重用动画片段。【图形】元件与影片的时间轴同步运行，交互式控件和声音不会在【图形】元件的动画序列中起作用。【图形】元件的图标为 ▧。

🗒️ **知识点** -

　　此外，在 Flash CC 中还有一种特殊的元件——【字体】元件。【字体】元件可以保证在计算机没有安装所需字体的情况下，也可以正确显示文本内容。因为 Flash 会将所有字体信息通过【字体】元件存储在 SWF 文件中。【字体】元件的图标为 A。只有在使用动态或输入文本时才需要通过【字体】元件嵌入字体；如果使用静态文本，则不必通过【字体】元件嵌入字体。

6.1.2 创建元件

创建元件的方法主要有两种，一种是直接新建一个空元件，然后在元件编辑模式下创建元件内容；另一种是将舞台中的某个元素转换为元件。下面将具体介绍创建几种类型元件的方法。

1. 创建【图形】元件

要创建【图形】元件，首先应选择【插入】|【新建元件】命令，打开【创建新元件】对话框。然后在【类型】下拉列表中选择【图形】选项，单击【确定】按钮，如图6-3所示。

打开元件编辑模式，在该模式下进行元件制作，可以将位图或者矢量图导入到舞台中转换为【图形】元件。也可以使用【工具】面板中的各种绘图工具绘制图形，再将其转换为【图形】元件，如图6-4所示。

图6-3 选择【图形】类型

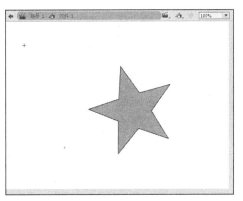

图6-4 绘图转换为元件

单击舞台窗口的场景按钮 场景1，可以返回场景。也可以单击后退按钮，返回到上一层模式。在【图形】元件中，还可以继续创建其他类型的元件。

创建的【图形】元件会自动保存在【库】面板中。选择【窗口】|【库】命令，打开【库】面板。在该面板中显示了已经创建的【图形】元件，如图6-5所示。

图6-5 【库】面板

2. 创建【影片剪辑】元件

【影片剪辑】元件除了图形对象以外，还可以是一个动画。它拥有独立的时间轴，并且可以在该元件中创建按钮、图形甚至其他影片剪辑元件。

在制作一些较为大型的 Flash 动画时，不仅是舞台中的元素，很多动画效果也需要重复使用。由于【影片剪辑】元件拥有独立的时间轴，可以不依赖主时间轴而播放运行，因此可以将主时间轴中的内容转化到【影片剪辑】元件中，方便反复调用。

> **知识点**
>
> 在 Flash CC 2015 中是不能直接将动画转换为【影片剪辑】元件的，可以使用复制图层和帧的方法，将动画转换为【影片剪辑】元件。

【例 6-1】新建文档，将一个动画文件转换为【影片剪辑】元件。

(1) 启动 Flash CC 2015，新建一个文档，打开一个已经完成动画制作的文档，如"鞭炮动画"。选中顶层图层的第 1 帧，按下 Shift 键。选中底层图层的最后一帧，即可选中时间轴上所有要转换的帧，如图 6-6 所示。

(2) 右击选中帧中的任何一帧，从弹出的菜单中选择【复制帧】命令，将所有图层里的帧都进行复制，如图 6-7 所示。

图 6-6 选中所有帧

图 6-7 选择【复制帧】命令

(3) 返回新建文档，选择【插入】|【新建元件】命令，打开【创建新元件】对话框。创建名称为"动画"，类型为【影片剪辑】的元件，然后单击【确定】按钮，如图 6-8 所示。

(4) 进入元件编辑模式后，右击元件编辑模式中的第 1 帧，在弹出的菜单中选择【粘贴帧】命令。此时将把从主时间轴复制的帧粘贴到该影片剪辑的时间轴中，如图 6-9 所示。

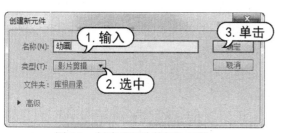

图 6-8 创建【影片剪辑】元件

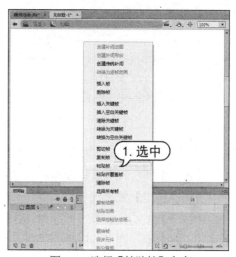

图 6-9 选择【粘贴帧】命令

(5) 单击后退按钮 ，返回【场景 1】。在【库】面板中会显示该【动画】元件，如图 6-10 所示。

(6) 将该元件拖动到【场景 1】的舞台中，然后按 Ctrl+Enter 组合键，测试影片效果，如图 6-11 所示。

(7) 将新建文档以"动画转换为元件"为名加以保存。

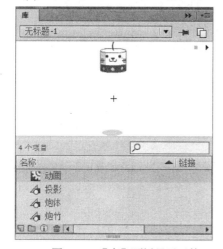

图 6-10 【库】面板显示元件

图 6-11 测试动画

3. 创建【按钮】元件

【按钮】元件是一个 4 帧的交互影片剪辑。选择【插入】|【新建元件】命令，打开【创建新元件】对话框。在【类型】下拉列表中选择【按钮】选项，单击【确定】按钮，打开元件编辑模式，如图 6-12 所示。

在【按钮】元件编辑模式中的【时间轴】面板里显示了【弹起】、【指针经过】、【按下】和【点击】这 4 个帧，如图 6-13 所示。

图6-12　创建【按钮】元件

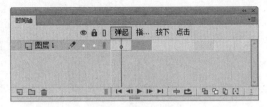

图6-13　【时间轴】面板

每一帧都对应了一种按钮状态，其具体功能如下。

- ◉　【弹起】帧：代表指针没有经过按钮时该按钮的外观。
- ◉　【指针经过】帧：代表指针经过按钮时该按钮的外观。
- ◉　【按下】帧：代表单击按钮时该按钮的外观。
- ◉　【点击】帧：定义响应单击的区域。该区域中的对象在最终的 SWF 文件中不被显示。

提示

要制作一个完整的按钮元件，可以分别定义这4种按钮状态。也可以只定义【弹起】帧按钮状态，但只能创建静态的按钮。

【例6-2】新建文档，创建【按钮】元件。

(1) 启动 Flash CC 2015，新建一个文档。选择【文件】|【导入】|【导入到舞台】，打开【导入】对话框，选择图片文件，单击【打开】按钮，如图6-14所示。

(2) 将图像从【库】面板中拖动到舞台中，在【属性】面板中调整舞台大小，使其和背景图片一致，如图6-15所示。

图6-14　导入图片

图6-15　调整背景图片

(3) 选择【插入】|【新建元件】命令，打开【创建新元件】对话框。创建名为"按钮"的按钮元件，如图6-16所示。

(4) 选择【椭圆】工具，启用【对象绘制】功能。在舞台上绘制笔触为4的圆形，设置其填充色为渐变红色，笔触色为蓝绿色，效果如图6-17所示。

图 6-16 创建按钮元件

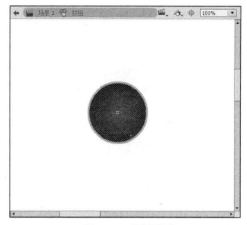

图 6-17 绘制圆形

(5) 选择【椭圆】工具，设置笔触色为无色，填充颜色为白色。调整【Alpha 值】为 20%，然后在舞台上绘制一大一小两个圆形。选中这两个圆形，选择【修改】|【合并对象】|【打孔】命令。最后保留两个圆形切割后的白色部分，效果如图 6-18 所示。

(6) 右击【时间轴】面板上的【指针经过】帧，在弹出的菜单中选择【插入关键帧】命令。选择【文本】工具，在图形中输入文本 Enter，如图 6-19 所示。

图 6-18 绘制反光部分

图 6-19 输入文本

(7) 右击【时间轴】面板上的【按下】帧。在弹出的菜单中选择【插入关键帧】命令，双击图形中央，使其进入【绘制对象】模式。将内圆的填充色改为渐变黑色，然后再返回【按钮】模式，如图 6-20 所示。

(8) 返回【场景 1】，在【时间轴】面板上单击【新建图层】按钮，新建【图层 2】图层，如图 6-21 所示。

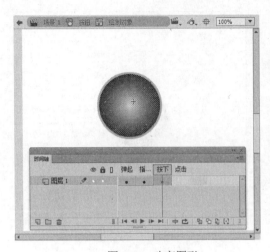

图 6-20　改变图形	图 6-21　新建图层

(9) 打开【库】面板，将【按钮】元件拖动到舞台上的左上角，如图 6-22 所示。

(10) 按下 Ctrl+Enter 组合键，预览按钮动画，如图 6-23 所示。

图 6-22　拖动元件到舞台	图 6-23　测试动画

4. 创建【字体】元件

　　【字体】元件的创建方法比较特殊。选择【窗口】|【库】命令，打开当前文档的【库】面板。单击【库】面板右上角的 按钮，在弹出的【库面板】菜单中选择【新建字型】命令，如图 6-24 所示。

　　打开【字体嵌入】对话框，在【名称】文本框中可以输入字体元件的名称；在【系列】下拉列表框中可以选择需要嵌入的字体，或者将该字体的名称输入到该下拉列表框中；在【字符范围】区域中可以选中要嵌入的字符范围，嵌入的字符越多，发布的 SWF 文件越大；如果要嵌入任何其他特定字符，可以在【还包含这些字符】区域中输入字符，当将某种字体嵌入到库中之后，就可以将它用于舞台上的文本字段了。如图 6-25 所示。

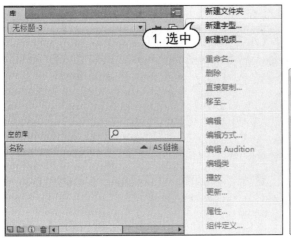

图 6-24 选择【新建字型】命令

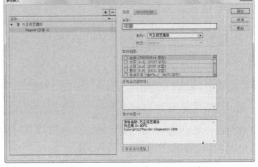

图 6-25 【字体嵌入】对话框

6.1.3 转换元件

如果舞台中的元素需要反复使用，可以将它直接转换为元件，保存在【库】面板中，方便以后调用。要将元素转换为元件，可以采用下列操作方法之一。

- 选中舞台中的元素，选择【修改】|【转换为元件】命令，打开【转换为元件】对话框。选择元件类型，然后转换为元件，如图 6-26 所示。
- 右击舞台中的元素，从弹出的快捷菜单中选择【转换为元件】命令。打开【转换为元件】对话框，然后转换为元件。

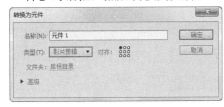

图 6-26 【转换为元件】对话框

> 有关【转换为元件】对话框中的设置可以参考【创建新元件】对话框的设置。

6.1.4 复制元件

复制元件和直接复制元件的操作可以方便元件的重复使用。复制元件和直接复制元件是两个完全不同的概念。

1. 复制元件

复制元件是将元件复制一份相同的，在修改一个元件的同时，另一个元件也会产生相同的改变。

当用户选择库中元件时，右击弹出菜单，选择【复制】命令，如图 6-27 所示。然后在舞台中可以选择【编辑】|【粘贴到中心位置】命令(或者是【粘贴到当前位置】命令)，即可将复制的元件粘贴到舞台中。此时，修改粘贴后的元件，原有的元件也将随之改变。

2. 直接复制元件

直接复制元件是以当前元件为基础，创建一个独立的新元件。无论修改哪个元件，另一个元件都不会发生改变。

在制作 Flash 动画时，有时希望仅仅修改单个实例中元件的属性而不影响其他实例或原始元件，此时就需要用到直接复制元件功能。通过直接复制元件，可以使用现有的元件作为创建新元件的起点，来创建具有不同外观的各种版本的元件。具体操作方法如下。

打开【库】面板，选中要直接复制的元件。右击该元件，在弹出的快捷菜单中选择【直接复制】命令或者单击【库】面板右上角的 按钮。在弹出的【库面板】菜单中选择【直接复制】命令，打开【直接复制元件】对话框，如图 6-28 所示。

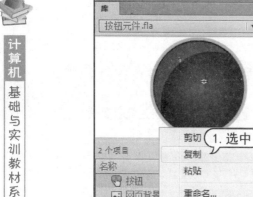

图 6-27　选择【复制】命令　　　　图 6-28　选择【直接复制】命令

在【直接复制元件】对话框中，可以更改直接复制元件的名称、类型等属性，如图 6-29 所示。而且更改以后，原有的元件并不会发生变化，所以在 Flash 应用中，使用直接复制操作元件更为普遍。

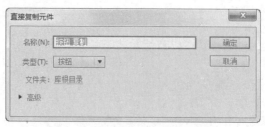

图 6-29　【直接复制元件】对话框

6.1.5　编辑元件

创建元件后，可以选择【编辑】|【编辑元件】命令，在元件编辑模式下编辑该元件；也可以选择【编辑】|【在当前位置编辑】命令，在舞台中编辑该元件；或者直接双击该元件进入该元件的编辑模式。右击创建好的元件，在弹出的快捷菜单中可以选择更多编辑方式和编辑内容。

1. 在当前位置编辑元件

要在当前位置编辑元件，可以在舞台上双击元件的一个实例，或者在舞台上选择元件的一个实例，右击后在弹出的快捷菜单中选择【在当前位置编辑】命令；或者在舞台上选择元件的一个实例，然后选择【编辑】|【在当前位置编辑】命令，进入元件的编辑状态。如果要更改注册点，可以在舞台上拖动该元件，拖动时一个十字光标会表明注册点的位置，如图 6-30 所示。

2. 在新窗口编辑元件

要在新窗口中编辑元件，可以右击舞台中的元件，在弹出的快捷菜单中选择【在新窗口中编辑】命令。直接打开一个新窗口，并进入元件的编辑状态，如图 6-31 所示。

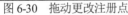

图 6-30　拖动更改注册点

图 6-31　新窗口编辑元件

3. 在元件编辑模式下编辑元件

要选择在元件编辑模式下编辑元件可以通过以下几种方式来实现。

- ⊙ 双击【库】面板中的元件图标。
- ⊙ 在【库】面板中选择该元件，单击【库】面板右上角的 按钮，在打开的菜单中选择【编辑】命令，如图 6-32 所示。
- ⊙ 在【库】面板中右击该元件，从弹出的快捷菜单中选择【编辑】命令。
- ⊙ 在舞台上选择该元件的一个实例，右击后从弹出的快捷菜单中选择【编辑】命令。
- ⊙ 在舞台上选择该元件的一个实例，然后选择【编辑】|【编辑元件】命令。

4. 退出元件编辑模式

要退出元件的编辑模式并返回到文档编辑状态，可以进行以下的操作。

- 单击舞台左上角的【返回】◄按钮，返回上一层编辑模式。
- 单击舞台左上角场景按钮 ▦ 场景 1，返回场景，如图 6-33 所示。
- 在元件的编辑模式下，双击元件内容以外的空白处。
- 如果是在新窗口中编辑元件，可以直接切换到文档窗口或关闭新窗口。

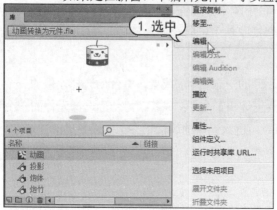

图 6-32　选择【编辑】命令

图 6-33　单击场景按钮

6.2　使用实例

实例是元件在舞台中的具体表现，创建实例的过程就是将元件从【库】面板中拖动到舞台中。对创建的实例可以进行修改，从而得到依托于该元件的其他效果。

6.2.1　创建实例

创建实例的方法在前文中也已经介绍过，具体如下。

选择【窗口】|【库】命令，打开【库】面板，将【库】面板中的元件拖动到舞台中即可。

 提示 ············

　　实例只可以放在关键帧中，并且实例总是显示在当前图层上。如果没有选择关键帧，则实例将被添加到当前帧左侧的第 1 个关键帧上面。

创建实例后，系统都会指定一个默认的实例名称。如果要为影片剪辑元件实例指定实例名称，可以打开【属性】面板，这时在【实例名称】文本框中输入该实例的名称即可，如图 6-34 所示。

如果是【图形】实例，则不能在【属性】面板中命名实例名称。可以双击【库】面板中的元件名称，然后修改名称，再创建实例。但在【图形】实例的【属性】面板中可以设置实例的大小、位置等信息。单击【样式】按钮，在下拉列表中可以设置【图形】实例的透明度、亮度、色调等信息，如图 6-35 所示。

图 6-34　输入实例名称

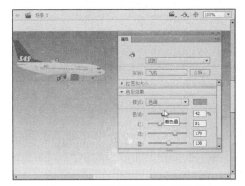

图 6-35　设置【图形】实例样式

【例 6-3】在 Flash 文档中添加元件实例。

(1) 启动 Flash CC 2015，新建一个文档。打开素材文档，选择 pic small 图层的第 1 帧，如图 6-36 所示。

(2) 选择【窗口】|【库】命令，打开【库】面板。将 pic_small 影片剪辑元件拖动到舞台中，如图 6-37 所示。

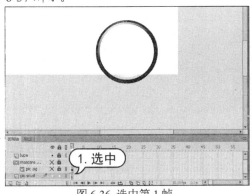

图 6-36　选中第 1 帧

图 6-37　拖动元件到舞台

(3) 选择【窗口】|【属性】命令，打开实例的【属性】面板。在【实例名称】文本框中输入 mapaSmall，在【位置和大小】项里设置 X 和 Y 值都为 0，如图 6-38 所示。

(4) 将该文档以"添加元件实例"为名保存。按 Ctrl+Enter 组合键测试影片，加入该元件实例实现了放大镜的动画效果，效果如图 6-39 所示。

图 6-38　设置实例属性

图 6-39　测试影片效果

6.2.2 交换实例

在创建元件的不同实例后，用户可以对元件实例进行交换，使选定的实例变为另一个元件的实例。

例如，选中舞台里的一个【影片剪辑】实例，选择【修改】|【元件】|【交换元件】命令，打开【交换元件】对话框。在其中显示了当前文档创建的所有元件，可以选中要交换的元件，然后单击【确定】按钮，即可为实例指定另一个元件。并且舞台中的元件实例将自动被替换，如图6-40所示。

单击【交换元件】对话框中的【直接复制元件】按钮 ，可以打开【直接复制元件】对话框。使用直接复制元件功能，以当前选中的元件为基础创建一个全新的元件，如图6-41所示。

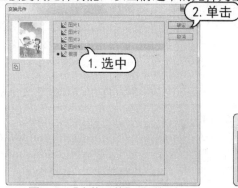

图6-40 【交换元件】对话框

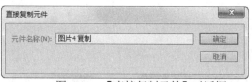

图6-41 【直接复制元件】对话框

6.2.3 改变实例类型

实例的类型也是可以相互转换的。例如，可以将一个【图形】实例转换为【影片剪辑】实例，或将一个【影片剪辑】实例转换为【按钮】实例。用户可以通过改变实例类型来重新定义它的动画中的行为。

要改变实例类型，选中某个实例，打开【属性】面板。单击【实例类型】下拉按钮，在弹出的下拉菜单中可以选择需要的实例类型，如图6-42所示。

图6-42 改变实例类型

6.2.4 分离实例

要断开实例与元件之间的链接，并把实例放入未组合图形和线条的集合中，可以在选中舞台实例后，选择【修改】|【分离】命令，将实例分离成图形元素。

例如，选中原本是实例的【影片剪辑】元件，然后选择【修改】|【分离】命令；此时，变成形状元素；这样就可以使用各种编辑工具，根据需要修改并且不会影响到其他应用的元件实例，如图6-43所示。

图6-43 分离实例后修改

6.2.5 设置实例信息

不同元件类型的实例有不同的属性，用户可以在各自的【属性】面板中进行设置。

1. 设置【图形】实例属性

选中舞台上的【图形】实例，打开【属性】面板。在该面板中显示了【位置和大小】、【色彩效果】和【循环】这3个选项卡，如图6-44所示。

有关【图形】实例【属性】面板的主要参数选项的具体作用如下。

- 【位置和大小】：可以设置【图形】实例x轴和y轴坐标位置以及实例大小。
- 【色彩效果】：可以设置【图形】实例的透明度、亮度以及色调等色彩效果。
- 【循环】：可以设置【图形】实例的循环，可以设置循环方式和循环起始帧。

图6-44 【图形】实例【属性】面板   图6-45 【影片剪辑】实例【属性】面板

2. 设置【影片剪辑】实例属性

选中舞台上的【影片剪辑】实例，打开【属性】面板。在该面板中显示了【位置和大小】、【3D 定位和视图】、【色彩效果】、【显示】、【辅助功能】和【滤镜】这 6 个选项卡，如图 6-45 所示。

有关【影片剪辑】实例【属性】面板的主要参数选项的具体作用如下。

- 【位置和大小】：可以设置【影片剪辑】实例 x 轴和 y 轴坐标位置，以及实例大小。
- 【3D 定位和查看】：可以设置【影片剪辑】实例的 z 轴坐标位置，z 轴坐标位置是在三维空间中的一个坐标轴。同时可以设置【影片剪辑】实例的在三维空间中的透视角度和消失点。
- 【色彩效果】：可以设置【影片剪辑】实例的透明度、亮度和色调等色彩效果。
- 【显示】：可以设置【影片剪辑】实例的显示效果，如强光、反相和变色等效果。
- 【滤镜】：可以设置【影片剪辑】实例的滤镜效果。

3. 设置【按钮】实例属性

选中舞台上的【按钮】实例，打开【属性】面板。在该面板中显示了【位置和大小】、【色彩效果】、【显示】、【字距调整】、【辅助功能】和【滤镜】这 6 个选项卡，如图 6-46 所示。

有关【按钮】实例【属性】面板的主要参数选项的具体作用如下。

- 【位置和大小】：可以设置【按钮】实例 x 轴和 y 轴坐标位置以及实例大小。
- 【色彩效果】：可以设置【按钮】实例的透明度、亮度和色调等色彩效果。
- 【显示】：可以设置【按钮】实例的显示效果。
- 【滤镜】：可以设置【按钮】实例的滤镜效果。

图 6-46 【按钮】实例的【属性】面板

> **提示**
>
> 如果【按钮】实例中带有按键声音，将会显示【音轨】属性，用户可以对其进行设置。

6.3 使用库

在 Flash CC 2015 中，创建的元件和导入的文件都存储在【库】面板中。在【库】面板中的资源可以在多个文档中使用。

6.3.1 【库】面板和【库】项目

【库】面板是集成库项目内容的工具面板，【库】项目是库中的相关内容。

1. 【库】面板

选择【窗口】|【库】命令，打开【库】面板。【库】面板的列表主要用于显示库中所有项目的名称，可以通过它查看并组织这些文档中的元素，如图 6-47 所示。

图 6-47 【库】面板

> **提示**
>
> 在【库】面板中的预览窗口中显示了存储的所有元件缩略图。如果是【影片剪辑】元件，可以在预览窗口中预览动画的效果。

2. 【库】项目

在【库】面板中的元素称为库项目。【库】面板中项目名称旁边的图标表示该项目的文件类型。用户可以打开任意文档的库，并能够将该文档的库项目用于当前文档。

有关库项目的一些处理方法如下。

- ⊙ 在当前文档中使用库项目时，可以将库项目从【库】面板中拖动到舞台中。该项目会在舞台中自动生成一个实例，并添加到当前图层中。
- ⊙ 要将对象转换为库中的元件，可以将项目从舞台拖动到当前【库】面板中。打开【转换为元件】对话框，进行转换元件的操作，如图 6-48 所示。
- ⊙ 要在另一个文档中使用当前文档的库项目，将项目从【库】面板或舞台中拖动到另一个文档的【库】面板或舞台中即可。
- ⊙ 要在文件夹之间移动项目，可以将项目从一个文件夹拖动到另一个文件夹中。如果新位置中存在同名项目，那么将会打开【解决库冲突】对话框，提示是否要替换正在移动的项目，如图 6-49 所示。

图 6-48　【转换为元件】对话框

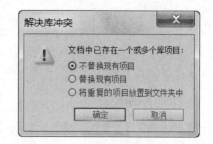

图 6-49　【解决库冲突】对话框

⑥.3.2　【库】的基本操作

在【库】面板中，可以使用【库】面板菜单中命令进行编辑对象、操作文件夹、重命名库项目、删除库项目以及查看未使用的库项目等管理操作。

1. 编辑对象

要编辑元件，可以在【库】面板菜单中选择【编辑】命令，进入元件编辑模式。然后进行元件编辑，如图 6-50 所示。

如果要编辑【库】里的文件，可以选择【编辑方式】命令，打开【选择外部编辑器】对话框，如图 6-51 所示。

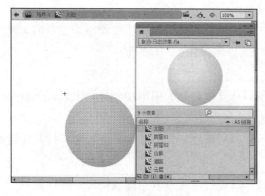

图 6-50　进行元件编辑

图 6-51　选择【编辑方式】命令

在该对话框中选择外部编辑器(其他应用程序)，编辑导入的文件。例如，可以用 ACDSee 看图程序编辑导入的位图文件，如图 6-52 所示。在外部编辑器编辑完文件后，再在【库】面板中选择【更新】命令，更新这些文件即可完成编辑文件操作，如图 6-53 所示。

图 6-52　【选择外部编辑器】对话框

图 6-53　选择【更新】命令

2. 操作文件夹

在【库】面板中，可以使用文件夹来组织库项目。当用户创建一个新元件时，它会存储在选定的文件夹中。如果没有选定文件夹，该元件就会存储在库的根目录下。

对【库】面板中的文件夹可以进行如下操作。

- 要创建新文件夹，可以在【库】面板底部单击【新建文件夹】按钮，如图 6-54 所示。
- 要打开或关闭文件夹，可以单击文件夹名前面的按钮 ▶。或选择文件夹后，在【库】面板菜单中选择【展开文件夹】或【折叠文件夹】命令，如图 6-55 所示。

图 6-54　单击【新建文件夹】按钮

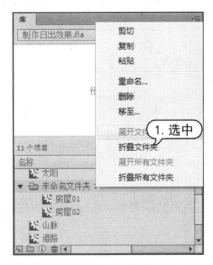

图 6-55　选择【折叠文件夹】命令

- 要打开或关闭所有文件夹，可以在【库】面板菜单中选择【展开所有文件夹】或【折叠所有文件夹】命令。

3. 重命名库项目

在【库】面板中，用户还可以重命名库中的项目。但更改导入文件的库项目名称并不会更改

计算机 基础与实训教材系列

该文件的名称。

要重命名库项目，可以执行如下操作。

- 双击该项目的名称，在【名称】列的文本框中输入新名称，如图 6-56 所示。
- 选择项目，并单击【库】面板下部的【属性】按钮，打开【元件属性】对话框。在【名称】文本框中输入新名称，然后单击【确定】按钮，如图 6-57 所示。

图 6-56　输入名称

图 6-57　【元件属性】对话框

- 选择库项目，在【库】面板单击按钮，在弹出菜单中选择【重命名】命令，然后在【名称】列的文本框中输入新名称。
- 在库项目上右击，在弹出的快捷菜单中选择【重命名】命令，并在【名称】列的文本框中输入新名称。

4. 删除库项目

在默认情况下，当从库中删除项目时，文档中该项目的所有实例也会被同时删除。【库】面板中的【使用次数】列可显示项目的使用次数，如图 6-58 所示。

要删除库项目，可以执行如下操作。

- 选择所需操作的项目，然后单击【库】面板下部的【删除】按钮。
- 选择库项目，在【库】面板单击按钮，在弹出菜单中选择【删除】命令来删除库项目，如图 6-59 所示。
- 在所要删除的项目上右击，在弹出的快捷菜单中选择【删除】命令删除库项目。

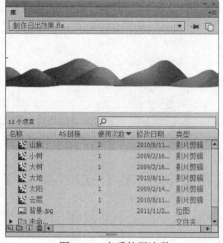

图 6-58　查看使用次数

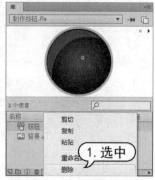

图 6-59　选择【删除】命令

【例6-4】将 Flash 文档中库项目进行管理和编辑。

(1) 启动 Flash CC 2015,打开"人物头发飘动"文档,如图 6-60 所示。

(2) 选择【窗口】|【库】命令,打开【库】面板,调整面板大小。单击【类型】列标题,将库项目按类型进行排序,如图 6-61 所示。

图 6-60 打开文档

图 6-61 单击【类型】列标题

(3) 在【库】面板中单击【新建文件夹】按钮,创建文件夹,并重命名为"背景位图",如图 6-62 所示。

(4) 按住 Ctrl 键选中 2 个位图文件,拖动到"背景位图"文件夹中,效果如图 6-63 所示。

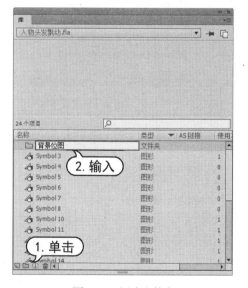

图 6-62 新建文件夹

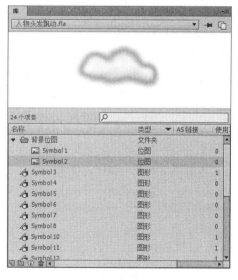

图 6-63 将文件拖动到文件夹中

(5) 使用相同方法,将库里的各个项目元素,分门别类地放入"头发"和"躯体"文件夹中,如图 6-64 所示。

(6) 选择"头发"文件夹下的 Symbol 5 元件,右击。在弹出的快捷菜单中,选择【直接复制】命令,效果如图 6-65 所示。

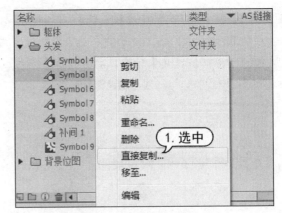

图 6-64　文件归类于文件夹中　　　　　　　图 6-65　选择【直接复制】命令

(7) 打开【直接复制元件】对话框，将其命名为"头发 5 副本"。单击【确定】按钮即可直接复制该元件，如图 6-66 所示。

(8) 右击【头发 5 副本】元件，在弹出的快捷菜单中选择【编辑】命令，如图 6-67 所示。

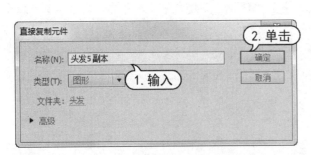

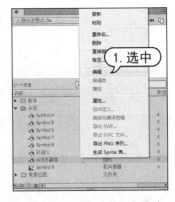

图 6-66　【直接复制元件】对话框　　　　　　图 6-67　选择【编辑】命令

(9) 进入元件编辑的【头发 5 副本】窗口，使用【工具】面板里的【部分选取】工具，选取头发形状，调整边缘锚点来改变外形，如图 6-68 所示。

(10) 单击【返回】按钮，返回场景。选择【文件】|【导入】|【导入到库】命令，打开【导入到库】对话框。选择"枫叶"位图文件，单击【打开】按钮，如图 6-69 所示。

图 6-68　改变外形　　　　　　　　　图 6-69　【导入到库】对话框

(11) 在【库】面板中找到【枫叶】项目，将其拖动到【背景位图】文件夹中，如图 6-70 所示。

(12) 将【枫叶】项目拖动到舞台中，并使用【任意变形】工具调整枫叶形状大小，如图 6-71 所示。

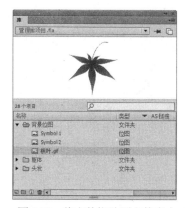

图 6-70　将文件拖动到文件夹中

图 6-71　调整图形

(13) 选择【文件】|【另存为】命令，打开【另存为】对话框。将其以"管理库项目"为名保存，如图 6-72 所示。

(14) 按 Ctrl+Enter 组合键预览影片，如图 6-73 所示。

图 6-72　另存文档

图 6-73　预览影片

计算机 基础与实训教材系列

⑥.3.3　共享库资源

使用共享库资源，可以将一个 Flash 影片【库】面板中的元素共享，供其他 Flash 影片使用。这一功能在进行小组开发或制作大型 Flash 影片时是非常实用的。

1. 设置共享库

要设置共享库，首先打开应将其【库】面板设置为共享库的 Flash 影片。然后选择【窗口】|【库】命令，打开【库】面板。单击█▇按钮，在弹出菜单中选择【运行时共享库 URL】命令，

如图 6-74 所示。

打开【运行时共享库】对话框，在 URL 文本框中输入共享库所在影片的 URL 地址，如图 6-75 所示。若共享库影片在本地硬盘上，可使用【文件://<驱动器：>/<路径名>】格式，最后单击【确定】按钮，即可将该【库】设置为共享库。

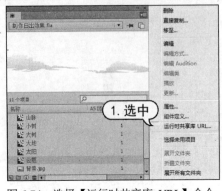

图 6-74 选择【运行时共享库 URL】命令

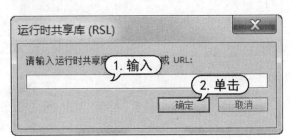

图 6-75 【运行时共享库】对话框

2. 设置共享元素

设置共享库完成后，还可以将【库】面板中的元素设置为共享。

在设置共享元素时，可先打开包含共享库的 Flash 文档，打开该共享库。然后右击所需共享的元素，在弹出的快捷菜单中选择【属性】命令，打开【元件属性】对话框。单击【高级】按钮，展开高级选项，如图 6-76 所示。

在【运行时共享库】选项区域内选中【为运行时共享导出】复选框，并在 URL 文本框中输入该共享元素的 URL 地址。单击【确定】按钮即可设置为共享元素，如图 6-77 所示。

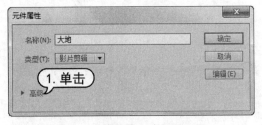

图 6-76 单击【高级】按钮

图 6-77 设置高级选项

3. 使用共享元素

在 Flash 影片中如果重复使用了大量相同的元素，则会大幅度减少文件的容量，使用共享元素可以解决这个问题。

要使用共享元素，可先打开要使用共享元素的 Flash 文档并选择【窗口】|【库】命令，打开该文件的【库】面板。然后选择【文件】|【导入】|【打开外部库】命令，选择一个包含共享库的 Flash 文件，单击【打开】按钮打开该共享库，如图 6-78 所示。

选中共享库中所需元素，将其拖动到舞台中即可。这时，在该文件的【库】面板中将会出现该共享元素。如图 6-79 所示，将共享库中的【山脉】元件拖动到舞台中，此时该文档的【库】

面板中也将出现【山脉】元件。

图 6-78 打开外部库

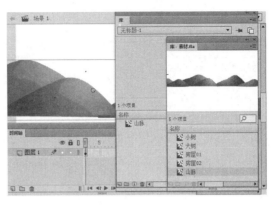

图 6-79 拖动外部库元素

6.4 上机练习

本章的上机练习主要是制作文字按钮动画，从而使用户更好地掌握本章内容。

(1) 启动 Flash CC 2015，选择【新建】|【文档】命令，新建一个文档。

(2) 选择【文件】|【导入】|【导入到库】命令，打开【导入到库】对话框。将名为"猫"的图片导入到【库】面板内，如图 6-80 所示。

(3) 将库中的"猫"文件拖动到舞台中。右击舞台空白处，在弹出的菜单中选择【文档】命令，打开【文档属性】对话框。单击【匹配内容】按钮，然后单击【确定】按钮，即可使舞台和背景一致，如图 6-81 所示。

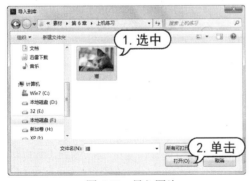

图 6-80 导入图片

图 6-81 匹配背景

(4) 选择【工具】面板上的【文本】工具，在其【属性】面板上设置【系列】为【华文琥珀】，【大小】为 30，颜色为半透明绿色，如图 6-82 所示。

(5) 单击舞台，输入文本内容，此时该文档如图 6-83 所示。

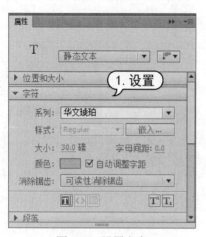

图 6-82　设置文本

图 6-83　输入文本

(6) 选中文本，选择【修改】|【转换为元件】命令，打开【转换为元件】对话框。输入【文字按钮】名称，选中【按钮】选项，单击【确定】按钮，如图 6-84 所示。

(7) 选中文本内容，将其【属性】面板中的【字符】选项组里的颜色设置为半透明黄色，字体大小设置为40。选择【滤镜】选项组，设置添加渐变发光滤镜，设置渐变色为绿色，如图 6-85 所示。

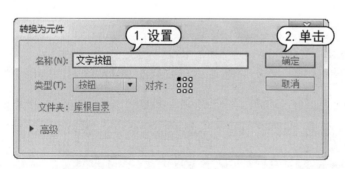

图 6-84　【转换为元件】对话框

图 6-85　添加文本滤镜

(8) 在【时间轴】面板的【按下】帧上插入关键帧。右击【弹起】帧弹出快捷菜单，选择【复制帧】命令。右击【按下】帧，选择【粘贴帧】命令，使2帧内容一致，如图 6-86 所示。

(9) 选择【文件】|【导入】|【打开外部库】命令，打开【打开】对话框。选择 "猫叫声" 文件，单击【打开】按钮，如图 6-87 所示。

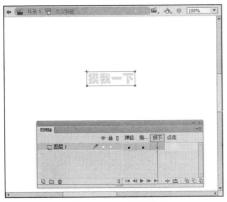

图 6-86 复制粘贴帧

图 6-87 导入外部库文件

(10) 打开外部库【库-猫叫声】面板，将库中声音元件拖动到【按下】帧的舞台中，如图 6-88 所示。

(11) 右击【时间轴】面板上的【点击】帧，在弹出的快捷菜单中选择【插入空白关键帧】命令。然后在【工具】面板上选择【矩形】工具，绘制一个任意填充色的长方形，大小和文本框范围接近即可，如图 6-89 所示。

图 6-88 拖动库声音

图 6-89 绘制矩形

(12) 返回到场景，选择【文件】|【保存】命令，打开【另存为】对话框。将其命名为"文字按钮"，并将其保存，如图 6-90 所示。

(13) 返回场景，按 Ctrl+Enter 组合键预览影片，测试文字按钮的不同状态，如图 6-91 所示。

图 6-90 保存文档

图 6-91 测试按钮动画

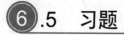

6.5 习题

1. 元件主要有几种类型？
2. 简述实例和元件的区别。
3. 创建一个按钮元件，单击按钮可以听到音乐。

第7章

使用帧和图层

学习目标

Flash 动画播放的长度以帧为单位，创建 Flash 动画，实际上就是创建连续帧上的内容。而使用图层可以将动画中的不同对象与动作区分开。本章主要介绍在 Flash CC 2015 动画中使用帧和图层的相关内容。

本章重点

- 时间轴和帧
- 帧的基本操作
- 制作逐帧动画
- 图层的操作
- 编辑图层

7.1 时间轴和帧

帧是 Flash 动画的最基本组成部分，Flash 动画是由不同的帧组合而成的。时间轴是摆放和控制帧的地方，帧在时间轴上的排列顺序将决定动画的播放顺序。

7.1.1 时间轴和帧的概念

帧是控制 Flash 动画内容，而时间轴则是起着控制帧的顺序和时间的作用。

1. 时间轴概念

时间轴主要由图层、帧和播放头组成。在播放 Flash 动画时，播放头沿时间轴向后滑动，而图层和帧中的内容则随着时间的变化而变化，如图 7-1 所示。

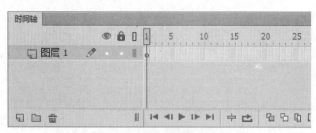

图 7-1 【时间轴】面板

2. 帧的概念

帧是 Flash 动画的基本组成部分，帧在时间轴上的排列顺序将决定动画的播放顺序。至于每一帧中的具体内容，则需要在相应帧的工作区域内进行制作。例如，在第一帧绘了一幅图，那么这幅图只能作为第一帧的内容，第二帧还是空的，如图 7-2 所示。

图 7-2 帧所包含的内容

⑦.1.2 帧的类型

在 Flash CC 中用来控制动画播放的帧具有不同的类型。选择【插入】|【时间轴】命令，在弹出的子菜单中显示了帧、关键帧和空白关键帧这 3 种类型帧。

不同类型的帧在动画中发挥的作用也不同，这 3 种类型帧的具体作用如下。

◉　帧(普通帧)：连续的普通帧在时间轴上用灰色显示，并且在连续普通帧的最后一帧中有一个空心矩形块，如图 7-3 所示。连续普通帧的内容都相同，在修改其中的某一帧时，其他帧的内容也同时被更新。由于普通帧的这种特性，通常用它来放置动画中静止不变的对象(如背景和静态文字)。

● 关键帧：关键帧在时间轴中是含有黑色实心圆点的帧，如图 7-4 所示。是用来定义动画变化的帧，在动画制作过程中是最重要的帧类型。在使用关键帧时不能太频繁，过多的关键帧会增加文件的大小。补间动画的制作就是通过关键帧内插的方法实现的。

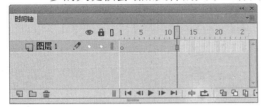

图 7-3 普通帧　　　　　　　　　　　　　　图 7-4 关键帧

● 空白关键帧：在时间轴中插入关键帧后，左侧相邻帧的内容就会自动复制到该关键帧中。如果不想让新关键帧继承相邻左侧帧的内容，可以采用插入空白关键帧的方法。在每一个新建的 Flash 文档中都有一个空白关键帧。空白关键帧在时间轴中是含有空心小圆圈的帧，如图 7-5 所示。

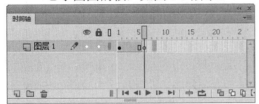

图 7-5 空白关键帧

提示

由于 Flash 文档会保存每一个关键帧中的形状，所以制作动画时只须在插图中有变化的地方创建关键帧。

7.1.3 帧的常见显示状态

帧在时间轴上具有多种表现形式，根据创建动画的不同，帧会呈现出不同的状态甚至是不同的颜色。

● ：当起始关键帧和结束关键帧用一个黑色圆点表示，中间补间帧为紫色背景并被一个黑色箭头贯穿时，表示该动画是设置成功的传统补间动画。

● ：当传统补间动画被一条虚线贯穿时，表明该动画是设置不成功的传统补间动画。

● ：当起始关键帧和结束关键帧用一个黑色圆点表示，中间补间帧为绿色背景并被一个黑色箭头贯穿时，表示该动画是设置成功的补间形状动画。

● ：当补间形状动画被一条虚线贯穿时，表明该动画是设置不成功的补间形状动画。

● ：当起始关键帧用一个黑色圆点表示，中间补间帧为蓝色背景时，表示该动画为补间动画。

● ：如果在单个关键帧后面包含有浅灰色的帧，则表示这些帧包含与第一个关键帧相同的内容。

- ：当关键帧上有一个小 a 标记时，表明该关键帧中有帧动作。
- ：当关键帧上有一个金色的锚记标记时，表明该帧为命名锚记。

⑦.1.4 使用【绘图纸外观】工具

一般情况下，在舞台中只能显示动画序列的某一帧上内容。为了便于定位和编辑动画，可以使用【绘图纸外观】工具，一次查看在舞台上两个或更多帧的内容。

1. 工具的操作

单击【时间轴】面板上【绘图纸外观】按钮，在【时间轴】面板播放头两侧会出现【绘图纸外观】标记：即【开始绘图纸外观】和【结束绘图纸外观】标记，如图 7-6 所示。在这两个标记之间的所有帧的对象都会显示出来，但这些内容不可以被编辑。

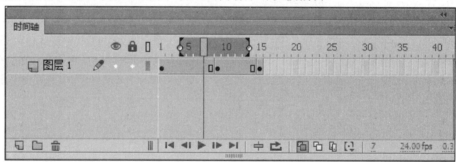

图 7-6 显示【绘图纸外观】标记

💡 **提示**

使用【绘图纸外观】工具时，不会显示锁定图层(带有挂锁图标的图层)的内容。为了便于清晰地查看对象，避免出现大量混乱的图像，可以锁定或隐藏不需要对其使用绘图纸外观的图层。

使用【绘图纸外观】工具可以设置图像的显示方式和显示范围，并且可以编辑【绘图纸外观】标记内的所有帧。相关的操作如下。

- 设置显示方式：如果舞台中的对象太多，为了方便查看其他帧上的内容，可以将具有【绘图纸外观】的帧显示为轮廓。单击【绘图纸外观轮廓】按钮即可显示对象轮廓。
- 移动【绘图纸外观】标记位置：选中【开始绘图纸外观】标记，可以向动画起始帧位置移动；选中【结束绘图纸外观】标记，可以向动画结束帧位置移动。(一般情况下，选中整个【绘图纸外观】标记移动，将会和当前帧指针一起移动。)
- 编辑标记内所有帧：【绘图纸外观】只允许编辑当前帧，单击【编辑多个帧】按钮，可以显示【绘图纸外观】标记内每个帧的内容。

2.更改标记

使用【绘图纸外观】工具，还可以更改【绘图纸外观】标记的显示。单击【修改绘图纸标记】按钮 ，在弹出的下拉菜单中可以选择【始终显示标记】、【锚定标记】、【标记范围 2】、【标记范围 5】和【标记整个范围】这 5 个选项。

这 5 个选项的具体作用如下。

- ◉ 【始终显示标记】：无论【绘图纸外观】是否打开，都会在时间轴标题中显示绘图纸的外观标记。
- ◉ 【锚定标记】：将【绘图纸外观】标记锁定在时间轴当前位置。
- ◉ 【标记范围 2】：显示当前帧左右两侧的两个帧内容。
- ◉ 【标记范围 5】：显示当前帧左右两侧的 5 个帧内容。
- ◉ 【标记整个范围】：显示当前帧左右两侧的所有帧内容。

 知识点

一般情况下，【绘图纸外观】范围和当前帧指针以及【绘图纸外观标记】相关。锚定【绘图纸外观】标记，可以防止它们随当前帧指针移动。

7.2 帧的基本操作

在制作动画时，用户可以根据需要对帧进行一些基本操作，如插入、选择、删除、清除、复制、移动等。

7.2.1 插入帧

帧的操作可以在【时间轴】面板上操作，首先介绍插入帧的操作。
要在时间轴上插入帧，可以通过以下几种方法来实现。

- ◉ 时间轴上选中要创建关键帧的帧位置，按下 F5 键，可以插入帧；按下 F6 键，可以插入关键帧；按下 F7 键，可以插入空白关键帧。

 **提示**

在插入了关键帧或空白关键帧之后，可以直接按下 F5 键或其他键，进行扩展。每按一次关键帧或空白关键帧长度将扩展 1 帧。

- 右击时间轴上要创建关键帧的帧位置，在弹出的快捷菜单中选择【插入帧】、【插入
  关键帧】或【插入空白关键帧】命令，可以插入帧、关键帧或空白关键帧，如图 7-7
  所示。

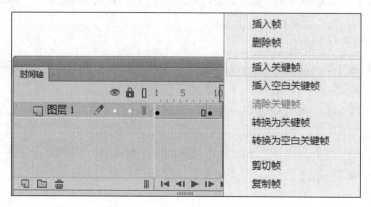

图 7-7　选择各种插入帧的命令

- 在时间轴上选中要创建关键帧的帧位置，选择【插入】|【时间轴】命令。在弹出的子
  菜单中选择相应命令，可插入帧、关键帧和空白关键帧。

⑦.2.2　选择帧

　　帧的选择是对帧以及帧中内容进行操作的前提条件。要对帧进行操作，首先必须选择【窗
口】|【时间轴】命令，打开【时间轴】面板。

　　选择帧可以通过以下几种方法来实现。

- 选择单个帧：把光标移到需要的帧上，单击即可。
- 选择多个不连续的帧：按住 Ctrl 键，然后单击需要选择的帧。
- 选择多个连续的帧：按住 Shift 键，单击需要选择该范围内的开始帧和结束帧，效果如
  图 7-8 所示。
- 选择所有的帧：在任意一个帧上右击，从弹出的快捷菜单中选择【选择所有帧】命令，
  如图 7-9 所示。或者选择【编辑】|【时间轴】|【选择所有帧】命令，同样可以选择所
  有的帧。

图 7-8　按住 Shift 键选择连续帧

图 7-9　选择【选择所有帧】命令

7.2.3 删除和清除帧

如果有不想要的帧，用户可以选择删除或清除帧的操作。

1. 删除帧

删除帧操作不仅可以删除帧中的内容，还可以将选中的帧进行删除，还原为初始状态。如图 7-10 所示，左侧为删除前的帧，右侧为删除后的帧。

图 7-10 删除帧

要进行删除帧的操作，可以按照选择帧的几种方法，先将要删除的帧选中，然后在选中的帧中的任意一帧上右击，从弹出的快捷菜单中选择【删除帧】命令；或者在选中帧以后选择【编辑】|【时间轴】|【删除帧】命令。

2. 清除帧

清除帧与删除帧的区别在于，清除帧仅把被选中的帧上的内容清除，并将这些帧自动转换为空白关键帧状态。清除帧的效果如图 7-11 所示。

图 7-11 清除帧

要进行清除帧的操作，可以按照选择帧的几种方法，先选中要清除的帧，然后在被选中帧中的任意一帧上右击，在弹出的快捷菜单中选择【清除帧】命令；或者在选中帧以后选择【编辑】|【时间轴】|【清除帧】命令。

7.2.4 复制帧

复制帧操作可以将同一个文档中的某些帧复制到该文档的其他帧位置，也可以将一个文档中的某些帧复制到另外一个文档的特定帧位置。

要进行复制和粘贴帧的操作，可以按照选择帧的几种方法，先将要复制的帧选中，然后在被选中帧中的任意一帧上右击，从弹出的快捷菜单中选择【复制帧】命令，如图 7-12 所示；或者在选中帧以后选择【编辑】|【时间轴】|【复制帧】命令。

图 7-12　复制帧

然后在需要粘贴的帧上右击，从弹出的快捷菜单中选择【粘贴帧】命令；或者在选中帧以后选择【编辑】|【时间轴】|【粘贴帧】命令即可。

7.2.5　移动帧

帧的移动操作主要有以下两种。

- 将鼠标光标放置在所选帧上面，出现 显示状态时，拖动选中的帧，移动到目标帧位置以后释放鼠标，如图 7-13 所示。
- 选中需要移动的帧并右击，从打开的快捷菜单中选择【剪切帧】命令。然后用鼠标选中帧移动的目的地并右击，从打开的快捷菜单中选择【粘贴帧】命令，如图 7-14 所示。

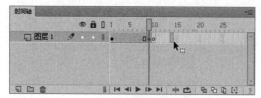

图 7-13　移动选中帧

图 7-14　选择【粘贴帧】命令

7.2.6　翻转帧

翻转帧功能可以使选定的一组帧按照顺序翻转过来，使原来的最后一帧变为第 1 帧，原来的第 1 帧变为最后一帧。

要进行翻转帧操作，首先在时间轴上将所有需要翻转的帧选中。然后右击被选中的帧，从弹出的快捷菜单中选择【翻转帧】命令即可，如图 7-15 所示。

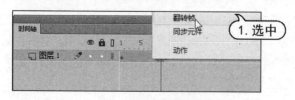

图 7-15　选择【翻转帧】命令

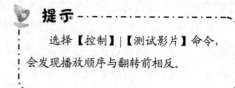

提示

选择【控制】|【测试影片】命令，会发现播放顺序与翻转前相反。

7.2.7 帧频和帧序列

帧序列就是指一列帧的顺序。帧频是指 Flash 动画播放的速度。用户可以改变帧序列的长度以及设置帧频等操作。

1. 更改帧序列

将鼠标光标放置在帧序列的开始帧或结束帧处，按住 Ctrl 键不放使光标变为左右箭头，向左或向右拖动即可更改帧序列的长度，如图 7-16 所示。

图 7-16 拖长帧序列

2. 更改帧频

选择【修改】|【文档】命令，打开【文档设置】对话框。在该对话框中的【帧频】文本框中输入合适的帧频数值，如图 7-17 所示。

此外，还可以选择【窗口】|【属性】命令，打开【属性】面板。在 FPS 文本框内输入帧频的数值，如图 7-18 所示。

图 7-17 【文档设置】对话框内输入帧频

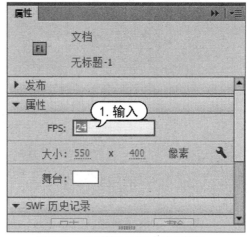

图 7-18 【属性】面板内输入帧频

7.3 制作基础逐帧动画

逐帧动画是最简单易懂的一种动画形式。在逐帧动画中，需要为每个帧创建图像。此操作适合于表演很细腻的动画，但花费时间也较长。

⑦.3.1　逐帧动画的概念

逐帧动画，也称为帧帧动画，是最常见的动画形式。最适合于图像在每一帧中都在变化而不是在舞台上移动的复杂动画。

逐帧动画的原理是在连续的关键帧中分解动画动作，也就是要创建每一帧的内容，才能连续播放而形成动画。逐帧动画的帧序列内容不一样，不仅增加制作负担，而且最终输出的文件量也很大。但它的优势也很明显，因为它与电影播放模式相似，适合于表演很细腻的动画，通常在网络上看到的行走、头发的飘动等动画，很多都是使用逐帧动画实现的，如图 7-19 所示。

图 7-19　走路动画

逐帧动画在时间轴上表现为连续出现的关键帧。要创建逐帧动画，就要将每一个帧都定义为关键帧，为每个帧创建不同的对象。

通常创建逐帧动画主要有以下几种方法。

- ◉ 将 jpg、png 等格式的静态图片连续导入到 Flash 中，就会建立一段逐帧动画。
- ◉ 绘制矢量逐帧动画，用鼠标或压感笔在场景中一帧帧地画出帧内容。
- ◉ 文字逐帧动画，用文字作为帧中的元件，实现文字跳跃、旋转等特效。
- ◉ 指令逐帧动画，在时间帧面板上，逐帧写入动作脚本语句来完成元件变化。
- ◉ 导入序列图像，可以导入 gif 序列图像、swf 动画文件或者利用第 3 方软件(如 swish、swift 3D 等)产生的动画序列。

⑦.3.2 制作逐帧动画

下面将通过一个实例介绍逐帧动画的制作过程。

【例7-1】新建一个文档，制作逐帧动画。

(1) 启动 Flash CC 2015，选择【文件】|【新建】命令，新建一个 Flash 文档。

(2) 选择【修改】|【文档】命令，打开【文档设置】对话框。设置舞台大小为 550×400 像素，如图 7-20 所示。

(3) 选择【文件】|【导入】|【导入到舞台】命令，打开【导入】对话框。选择"背景"图片，单击【打开】按钮将其导入到舞台，如图 7-21 所示。

图 7-20　设置舞台大小

图 7-21　【导入】对话框

(4) 选择【插入】|【新建元件】命令，打开【创建新元件】对话框。创建名为"气球飘动"的影片剪辑元件，单击【确定】按钮，如图 7-22 所示。

(5) 进入元件编辑窗口，选择【文件】|【导入】|【导入到舞台】命令，打开【导入】对话框。选择一组图片中的第 1 张图片文件，单击【打开】按钮，如图 7-23 所示。

图 7-22　创建新元件

图 7-23　选择第 1 张图片

(6) 弹出提示对话框，单击【是】按钮，将该组图片都导入舞台，如图 7-24 所示。

(7) 弹出【正在导入外部文件】对话框，显示导入进度，如图 7-25 所示。

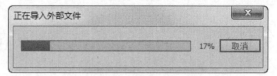

图 7-24　单击【是】按钮　　　　　　　　图 7-25　显示导入进度

(8) 全部导入后，单击【返回】按钮◀，返回至场景 1，如图 7-26 所示。

(9) 将"气球飘动"影片剪辑元件从【库】面板中拖动到舞台，并调整图形大小和位置，如图 7-27 所示。

图 7-26　返回场景 1　　　　　　　　　图 7-27　调整元件

(10) 选择【文件】|【保存】命令，打开【另存为】对话框，将其以"制作逐帧动画"为名保存，如图 7-28 所示。

(11) 按 Ctrl+Enter 组合键测试影片，显示气球飘动的动画效果，如图 7-29 所示。

图 7-28　保存文档　　　　　　　　　　图 7-29　测试影片

7.4　图层的基础知识

在 Flash CC 2015 中，图层是创建各种特殊效果最基本也是最重要的概念之一。使用图层可以将动画中的不同对象与动作区分开。例如，可以绘制、编辑、粘贴和重新定位一个图层上的元素而不会影响到其他图层。因此，不必担心在编辑过程中会对图像产生无法恢复的误操作。

⑦.4.1　图层的类型

图层类似透明的薄片，层层叠加。如果一个图层上有一部分没有内容，那么就可以透过这部分看到下面的图层上的内容。通过图层可以方便地组织文档中的内容。而且，当在某一图层上绘制和编辑对象时，其他图层上的对象不会受到影响。

图层位于【时间轴】面板上的左侧。在 Flash CC 2015 中，图层一般共分为 5 种类型，即一般图层、遮罩层、被遮罩层、引导层、被引导层，如图 7-30 所示。

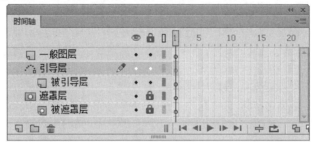

图 7-30　图层的类型

这 5 种图层类型详细说明如下。

- ◉　一般图层：指普通状态下的图层，这种类型图层名称的前面将显示普通图层图标　。
- ◉　遮罩层：指放置遮罩物的图层，当设置某个图层为遮罩层时，该图层的下一图层便被默认为被遮罩层。这种类型的图层名称的前面有一个遮罩层图标　。
- ◉　被遮罩层：被遮罩层是与遮罩层对应的、用来放置被遮罩物的图层。这种类型的图层名称的前面有一个被遮罩层的图标　。
- ◉　引导层：在引导层中可以设置运动路径，用来引导被引导层中的对象依照运动路径进行移动。当图层被设置成引导层时，在图层名称的前面会出现一个运动引导层图标　，该图层的下方图层会默认认为是被引导层；如果引导图层下没有任何图层作为被引导层，那么在该引导图层名称的前面就出现一个引导层图标　。
- ◉　被引导层：被引导层与其上面的引导层相辅相成。当上一个图层被设定为引导层时，这个图层会自动转变成被引导层，并且图层名称会自动进行缩排。被引导层的图标和一般图层一样。

⑦.4.2　图层的模式

Flash CC 2015 中的图层有多种图层模式，以适应不同的设计需要，这些图层模式的具体作用如下。

- ◉　当前层模式：在任何时候只有一层处于该模式，该层即为当前操作的层，所有新对象或导入的场景都将放在这一层上。当前层的名称栏上将显示一个铅笔图标　作为标识。

如图 7-31 所示,【一般图层】图层即为当前层。

- 隐藏模式:要集中处理舞台中的某一部分时,则可以将多余的图层隐藏起来。隐藏图层的名称栏上有 作为标识,表示当前图层为隐藏图层。如图 7-32 所示,【一般图层】图层即为隐藏图层。

图 7-31　当前层模式

图 7-32　隐藏模式

- 锁定模式:要集中处理舞台中的某一部分时,可以将需要显示但不希望被修改的图层锁定起来。被锁定的图层的名称栏上有一个锁形图标作为标识,如图 7-33 所示。

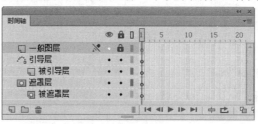

图 7-33　锁定模式

- 轮廓模式:如果某图层处于轮廓模式,则该图层名称栏上会以空心的彩色方框作为标识,此时舞台中将以彩色方框中的颜色显示该图层中内容的轮廓。如图 7-34 所示的【引导层】里,原本填充颜色为红色的方形,单击按钮,使其成为轮廓模式,此时方形显示为无填充色的粉红色轮廓。

图 7-34　轮廓模式

7.5　图层的基本操作

图层的基本操作主要包括创建各种类型的图层和图层文件夹,选择、删除、重命名图层等。此外,还可以在【图层属性】对话框中设置图层的属性。

⑦.5.1　创建图层和图层文件夹

使用图层可以通过分层，将不同的内容或效果添加到不同图层上，从而组合成为复杂而生动的作品。使用图层前需要先创建图层或图层文件夹。

1. 创建图层

当创建了一个新的 Flash 文档后，它只包含一个图层。用户可以创建更多的图层来满足动画制作的需要。

要创建图层，可以通过以下方法来实现。

- ⊙ 单击【时间轴】面板中的【新建图层】按钮 🔲，即可在选中图层的上方插入一个图层。
- ⊙ 选择【插入】|【时间轴】|【图层】命令，即可在选中图层的上方插入一个图层。
- ⊙ 右击图层，在弹出的快捷菜单中选择【插入图层】命令，即可在该图层上方插入一个图层。

2. 创建图层文件夹

图层文件夹可以用来摆放和管理图层。当创建的图层数量过多时，可以将这些图层根据实际类型归纳到同个图层文件夹中方便管理。

创建图层文件夹，可以通过以下方法来实现。

- ⊙ 选中【时间轴】面板中顶部的图层，然后单击【新建文件夹】按钮 🔲，即可插入一个图层文件夹，如图 7-35 所示。

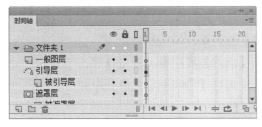

图 7-35　插入图层文件夹

> **提示**
>
> 由于图层文件夹仅仅用于管理图层而不是用于管理对象，因此图层文件夹没有时间线和帧。

- ⊙ 在【时间轴】面板中选择一个图层或图层文件夹，然后选择【插入】|【时间轴】|【图层文件夹】命令即可。
- ⊙ 右击【时间轴】面板中的图层，在弹出的快捷菜单中选择【插入文件夹】命令，即可插入一个图层文件夹。

⑦.5.2　选择图层

创建图层后，要修改和编辑图层，首先要选择图层。

当用户选择图层时，选中的图层名称栏上会显示的铅笔图标 🖊，表示该图层是当前层模式并处于可编辑状态。在 Flash CC 2015 中，一次可以选择多个图层，但一次只能有一个图层处于可编辑状态。

要选择图层，可以通过以下方式实现。

- ◉ 单击【时间轴】面板图层名称即可选中图层。
- ◉ 单击【时间轴】面板图层上的某个帧，即可选中该图层。
- ◉ 单击舞台中某图层上的任意对象，即可选中该图层。
- ◉ 按住 Shift 键，单击【时间轴】面板中起始和结束位置的图层名称，可以选中连续的图层，如图 7-36 所示。
- ◉ 按住 Ctrl 键，单击【时间轴】面板中的图层名称，可以选中不连续的图层，如图 7-37 所示。

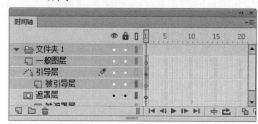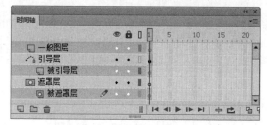

图 7-36　选中连续图层　　　　　　　　图 7-37　选中不连续图层

⑦.5.3　删除图层

在选中图层后，可以进行删除图层操作，具体操作方法如下。

- ◉ 选中图层，单击【时间轴】面板的【删除】按钮🗑，即可删除该图层。
- ◉ 拖动【时间轴】面板中所需删除的图层到【删除】按钮🗑上即可删除。
- ◉ 右击所需删除的图层，在弹出的快捷菜单中选择【删除图层】命令即可。

⑦.5.4　复制和拷贝图层

在制作动画的过程中，有时可能需要重复使用两个图层中的对象，可以通过复制或拷贝图层的方式来实现，从而减少重复操作。

1. 复制图层

在 Flash CC 2015 中，右击当前选择的图层，从弹出的快捷菜单中选择【复制图层】命令。或者选择【编辑】|【时间轴】|【复制】图层命令，可以在选择的图层上方创建一个含有"复制"后缀字样的同名图层，如图 7-38 所示。

2. 拷贝图层

如果要把一个文档内的某个图层复制到另一个文档内，可以右击该图层弹出快捷菜单，选择【拷贝图层】命令。然后右击任意图层(可以是本文档内，也可以是另一文档)，在弹出的菜单中选择【粘贴图层】命令即可在图层上方创一个与复制图层相同的图层，如图 7-39 所示。

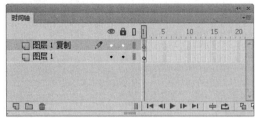

图 7-38　复制图层

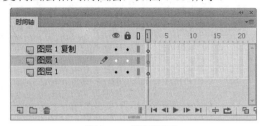

图 7-39　拷贝图层

 提示------

在 Flash CC 中还可以通过复制帧与粘贴帧命令来复制图层上的所有帧，即为复制该图层。

⑦.5.5　重命名图层

默认情况下，创建的图层会以【图层+编号】的样式为该图层命名，但这种编号性质的名称在图层较多时使用会很不方便。

用户可以对每个图层进行重命名，使每个图层的名称都具有一定的含义，方便对图层或图层中的对象进行操作。

重命名图层可以通过以下方法来实现。

- ◉ 双击【时间轴】面板的图层，出现文本框后输入新的图层名称即可，如图 7-40 所示。
- ◉ 右击图层，在弹出的快捷菜单中选择【属性】命令，打开【图层属性】对话框。在【名称】文本框中输入图层的名称，单击【确定】按钮即可，如图 7-41 所示。
- ◉ 在【时间轴】面板中选择图层，选择【修改】|【时间轴】|【图层属性】命令，打开【图层属性】对话框。在【名称】文本框中输入图层的新名称。

图 7-40　输入图层名称

图 7-41　【图层属性】对话框

7.5.6 调整图层顺序

调整图层之间的相对位置，可以得到不同的动画效果和显示效果。要更改图层的顺序，直接拖动所需改变顺序的图层到适当的位置，然后释放鼠标即可。在拖动过程中会出现一条带圆圈的黑色实线，表示图层当前已被拖动的位置，如图 7-42 所示。

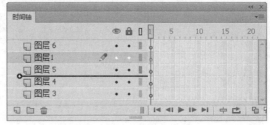

图 7-42 拖动图层改变顺序

【例 7-2】打开一个 Flash 文档，练习重命名图层、复制图层等操作。

(1) 启动 Flash CC，打开一个名为"卡通星空"的文档，如图 7-43 所示。

(2) 在【时间轴】面板上双击【眼睛及嘴】图层，待其变为可输入状态时，输入文字"星星内部"，即可修改图层名称，如图 7-44 所示。

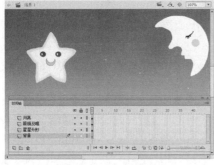

图 7-43 打开文档

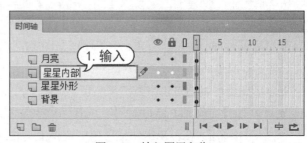

图 7-44 输入图层名称

(3) 单击【时间轴】面板上的【新建文件夹】按钮，创建图层文件夹，如图 7-45 所示。

(4) 在【时间轴】面板上双击图层文件夹，待其变为可输入状态时，输入文字"星星"，即可修改图层文件夹名称，如图 7-46 所示。

图 7-45 创建图层文件夹

图 7-46 重命名图层文件夹

(5) 选择【星星内部】和【星星外形】2 个图层，将它们拖动到【星星】图层文件夹内，如图 7-47 所示。

(6) 选择【星星外形】图层，右击。在弹出的快捷菜单中选择【拷贝图层】命令，将其放置于在最上一层，如图 7-48 所示。

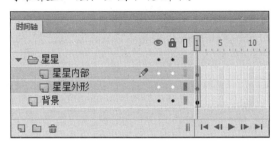

图 7-47　移动图层至文件夹内

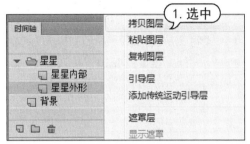

图 7-48　选择【拷贝图层】命令

(7) 选择【月亮】图层，右击。在弹出的快捷菜单中选择【粘贴图层】命令，拷贝图层在【月亮】图层之上，然后改名为【星星 2】图层，如图 7-49 所示。

(8) 选择【文件】|【另存为】命令，打开【另存为】对话框。将其以"图层操作"为名另存，如图 7-50 所示。

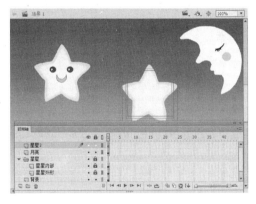

图 7-49　粘贴图层

图 7-50　【另存为】对话框

7.5.7　设置图层属性

要设置某个图层的详细属性，如轮廓颜色、图层类型等，可以在【图层属性】对话框中实现。

选择要设置属性的图层，选择【修改】|【时间轴】|【图层属性】命令，打开【图层属性】对话框，如图 7-51 所示。

该对话框中主要参数选项的具体作用如下。

⊙　【名称】：可以在文本框中输入或修改图层的名称。

- ◉ 【显示】：选中该复选框，可以显示或隐藏图层。
- ◉ 【锁定】：选中该复选框，可以锁定或解锁图层。
- ◉ 【类型】：可以在该选项区域中更改图层的类型。
- ◉ 【轮廓颜色】：单击该按钮，在打开的颜色调色板中可以选择颜色，以修改当图层以轮廓线方式显示时的轮廓颜色。
- ◉ 【将图层视为轮廓】：选中该复选框，可以设置图层中的对象是否以轮廓线方式显示。
- ◉ 【图层高度】：在该下拉列表框中，可以设置图层高度比例。

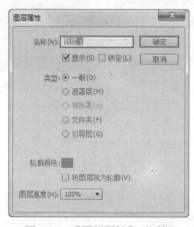

图 7-51 【图层属性】对话框

7.6 上机练习

本章的上机练习主要设置滚动文字动画，从而使用户更好地掌握 Flash CC 2015 有关帧和图层的相关操作内容。

(1) 启动 Flash CC 2015，新建一个文档。选择【文件】|【导入】|【导入到舞台】命令，打开【导入】对话框。将名为"背景"的文档导入到舞台内，如图 7-52 所示。

(2) 选择【修改】|【文档】命令，打开【文档设置】对话框。单击【匹配内容】按钮，使舞台和图片大小一致，如图 7-53 所示。

图 7-52 导入背景图片

图 7-53 设置舞台

(3) 打开【时间轴】面板。在【图层 1】中右击第 30 帧，从弹出的菜单中选择【插入帧】命令，添加普通帧到 30 帧，如图 7-54 所示。

(4) 在【时间轴】面板上单击【新建图层】按钮，添加新图层【图层 2】。在【图层 2】上第 5 帧处插入关键帧，如图 7-55 所示。

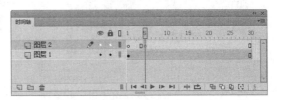

图 7-54　添加帧　　　　　　　　　　　　　图 7-55　新建图层

(5) 使用【文字】工具，在舞台上输入"元"，在其【属性】面板中设置文本的【系列】为【华文琥珀】，【大小】为 50，【颜色】为白色，如图 7-56 所示。

(6) 使用相同方法，在第 6~11 帧处分别插入关键帧，在后面继续输入"元宵节团团团圆"文本，如图 7-57 所示。

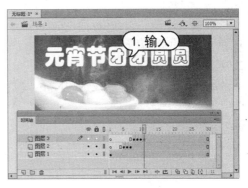

图 7-56　插入帧并输入文字　　　　　　　　图 7-57　新建图层并输入文字

(7) 选中【图层 2】，在第 12 帧处插入关键帧，更改舞台中的字母颜色为橙色，如图 7-58 所示。

(8) 选中【图层 2】，在第 13~25 帧处都插入关键帧，使用上面的方法，将每 1 关键帧中的文字都换上不同的颜色，第 25 帧换为白色，如图 7-59 所示。

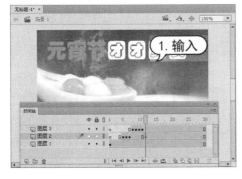

图 7-58　更改文字颜色　　　　　　　　　　图 7-59　更改文字颜色

(9) 选中【图层 3】，在第 12~25 帧处插入关键帧。使用上面的方法，将每 1 关键帧中的文字都换上不同的颜色，将第 25 帧换为白色，如图 7-60 所示。

(10) 选择【文件】|【保存】命令，将文档命名为"滚动文字动画"加以保存。

(11) 按下 Ctrl+Enter 组合键预览影片，字会滚动出现并闪变颜色，如图 7-61 所示。

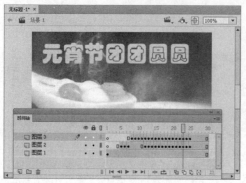

图 7-60　更改文字颜色　　　　　　　　　　　　图 7-61　动画效果

计算机
基础与实训教材系列

7.7　习题

1. 简述 Flash CC 2015 中帧的类型。
2. 简述 Flash CC 2015 中图层的模式。
3. 创建一个逐帧动画，表现效果为一个飞行的鸟。

制作常见 Flash 动画

学习目标

在 Flash CC 2015 中，使用帧可以制作 Flash 的补间动画。使用不同的图层种类可以制作引导层和遮罩层动画。此外，还可以制作骨骼动画和多场景动画等。本章主要介绍运用帧和图层，制作常见的 Flash 动画。

本章重点

- ⊙ 制作补间形状动画
- ⊙ 制作传统补间动画
- ⊙ 制作补间动画
- ⊙ 制作引导层动画
- ⊙ 制作遮罩层动画
- ⊙ 制作骨骼动画
- ⊙ 制作多场景动画

8.1 制作补间形状动画

补间形状动画是一种在制作对象形状变化时经常被使用到的动画形式。其制作原理是通过在两个具有不同形状的关键帧之间指定形状补间，以表现中间变化过程的方法形成动画。

8.1.1 创建补间形状动画

补间形状动画是通过在时间轴的某个帧中绘制一个对象，在另一个帧中修改该对象或重新绘制其他对象，然后由 Flash 计算出两帧之间的差距并插入过渡帧，从而创建出动画的效果。

最简单的完整补间形状动画至少应该包括两个关键帧：一个起始帧和一个结束帧。在起始帧和结束帧上至少各有一个不同的形状，系统根据两形状之间的差别生成补间形状动画。

 提示 ┄┄┄

> 要在不同的形状之间形成补间形状动画，对象不可以是元件实例。因此，对于图形元件和文字等，必须先将其分离而后才能创建形状补间动画。

【例 8-1】打开一个素材文档，创建补间形状动画。

(1) 启动 Flash CC 2015，打开一个素材文档，选择舞台上的烛火组合图形，按 Ctrl+B 组合键分离成形状，如图 8-1 所示。

(2) 分别在【图层 1】和【图层 2】的第 80 帧处插入关键帧，如图 8-2 所示。

图 8-1 分离成形状

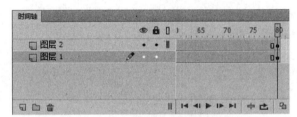

图 8-2 插入关键帧

(3) 在【图层 2】的第 20 帧处插入关键帧，然后在【工具】面板上选择【选择工具】，调整烛火形状，如图 8-3 所示。

(4) 使用相同方法，在【图层 2】的第 40 帧和 60 帧处插入关键帧，使用【选择工具】分别修改 2 个关键帧中的烛火形状，如图 8-4 所示。

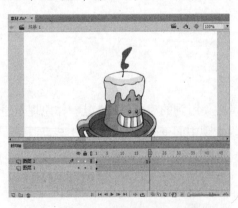

图 8-3 在关键帧中修改形状

图 8-4 在关键帧中修改形状

(5) 分别选择各个关键帧之间的任意帧，右击弹出快捷菜单，选择【创建补间形状】命令，如图 8-5 所示。

(6) 此时，创建了多个补间形状动画，效果如图 8-6 所示。

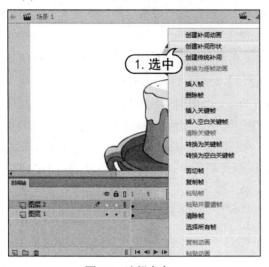

图 8-5 选择命令

图 8-6 创建形状补间动画

(7) 选择【文件】|【另存为】命令，打开【另存为】对话框。将其命名为"补间形状动画"文档加以保存，如图 8-7 所示。

(8) 按 Ctrl+Enter 组合键测试动画效果，如图 8-8 所示。

图 8-7 另存文档

图 8-8 测试动画效果

计算机 基础与实训教材系列

8.1.2 编辑补间形状动画

当建立了一个补间形状动画后，可以进行适当的编辑操作。选中补间形状动画中的某一帧，打开其【属性】面板，如图 8-9 所示。

在该面板中，主要参数选项的具体作用如下。

- ⊙ 【缓动】：设置补间形状动画会随之发生相应的变化。数值范围在-1～-100 之间，动画运动的速度从慢到快，向运动结束的方向加速度补间；在 1~100 之间，动画运动的速度从快到慢，向运动结束的方向减速度补间。默认情况下，补间帧之间的变化速率不变。

⊙ 【混合】：单击该按钮，在下拉列表中选择【角形】选项，在创建的动画中间形状会
保留有明显的角和直线，适合于具有锐化转角和直线的混合形状；选择【分布式】选
项，创建的动画中间形状比较平滑和不规则。

在创建补间形状动画时，如果要控制较为复杂的形状变化，可使用形状提示。选择形状补间
动画起始帧，选择【修改】|【形状】|【添加形状提示】命令，即可添加形状提示。

形状提示会标识起始形状和结束形状中相对应的点，以控制形状的变化，从而达到更加精确
的动画效果。形状提示包含 26 个字母(从 a 到 z)，用于识别起始形状和结束形状中相对应的点。
其中，起始关键帧的形状提示为黄色，结束关键帧的形状提示为绿色，而当形状提示不在一条曲
线上时则为红色，如图 8-10 所示。在显示形状提示时，只有包含形状提示的层和关键帧处于当
前状态下时，【显示形状提示】命令才处于可用状态。

图 8-9　【属性】面板

图 8-10　使用形状提示

⑧.2　制作传统补间动画

当需要在动画中展示移动位置、改变大小、旋转、改变色彩等效果时，就可以使用传统补间
动画。

⑧.2.1　创建传统补间动画

传统补间动画又叫作中间帧动画、渐变动画等。只要建立起起始和结束的画面，中间部分由
软件自动生成动作补间效果。传统补间动画可以用于补间实例、组和类型的位置、大小、旋转和
倾斜，以及表现颜色、渐变颜色切换或淡入/淡出效果。

 提示

> 在传统补间动画中要改变组或文字的颜色，必须将其变换为元件；而要使文本块中的每个字符分别动
> 起来，则必须将其分离为单个字符。

【例8-2】新建一个文档，创建传统补间动画。

(1) 启动 Flash CC，新建一个 Flash 文档。选择【文件】|【导入】|【导入到舞台】命令，打开【导入】对话框，选择位图文件"背景"，单击【打开】按钮导入到舞台上，如图 8-11 所示。

(2) 单击【时间轴】面板上的【新建图层】按钮，新建【图层2】图层，如图 8-12 所示。

图 8-11　导入图片到舞台

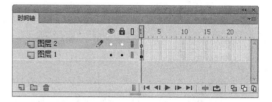

图 8-12　新建图层

(3) 在【图层2】图层里选择【文件】|【导入】|【导入到舞台】命令，打开【导入】对话框。选择位图文件"小鸟"，单击【打开】按钮导入到舞台上，如图 8-13 所示。

(4) 选中"小鸟"位图，选择【修改】|【转换为元件】命令，打开【转换为元件】对话框。将其转换为【影片剪辑】元件，并为元件设置名称"鸟"，然后单击【确定】按钮，如图 8-14 所示。

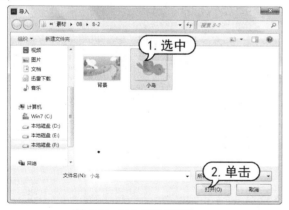

图 8-13　导入图片到舞台

图 8-14　【转换为元件】对话框

(5) 选中【图层1】第 20 帧，按下 F6 键插入一个关键帧。使背景图一直显示到 20 帧，如图 8-15 所示。

(6) 选中【图层2】的第 10 帧，使用【任意变形】工具，将舞台上的"鸟"实例旋转缩小并向右移动一段距离，如图 8-16 所示。

图 8-15　插入关键帧

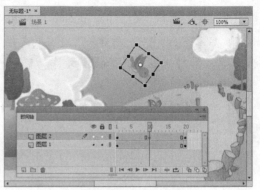

图 8-16　改变"鸟"实例

（7）选中【图层 2】的第 20 帧，使用【任意变形】工具，将舞台上的"鸟"实例旋转缩小并向右边朝上移动一段距离，如图 8-17 所示。

（8）分别右击第 1~9 帧和第 10~19 帧中的任意一帧，在弹出的快捷菜单中选择【创建传统补间】命令。在第 1~9 帧和第 10~19 帧之间分别创建传统补间动画，如图 8-18 所示。

图 8-17　改变"鸟"实例

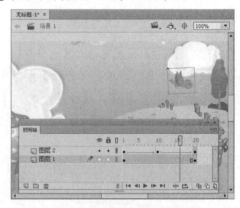

图 8-18　创建传统补间动画

（9）选择【文件】|【保存】命令，打开【另存为】对话框。将其命名为"传统补间动画"文档加以保存，如图 8-19 所示。

（10）按 Ctrl+Enter 组合键测试影片，效果如图 8-20 所示。

图 8-19　保存文档

图 8-20　测试动画效果

8.2.2　编辑传统补间动画

在设置了传统补间动画之后，可以通过【属性】面板，对传统补间动画进一步加工编辑。选中传统补间动画的任意一帧，打开【属性】面板，如图 8-21 所示。

在该面板中各选项的具体作用如下。

- ◉ 【缓动】：可以设置补间动画的缓动速度。如果该文本框中的值为正，则动画越来越慢；如果为负，则越来越快。如果单击右边的【编辑缓动】按钮，将会打开【自定义缓入/缓出】对话框。在该对话框中用户可以调整缓入和缓出的变化速率，以此调节缓动速度，如图 8-22 所示。
- ◉ 【旋转】：单击该按钮，在下拉列表中可以选择对象在运动的同时产生旋转效果，在后面的文本框中可以设置旋转的次数。
- ◉ 【调整到路径】：选中该复选框，可以使动画元素沿路径改变方向。
- ◉ 【同步】：选中该复选框，可以对实例进行同步校准。
- ◉ 【贴紧】：选中该复选框，可以将对象自动对齐到路径上。
- ◉ 【缩放】：选中该复选框，可以将对象进行大小缩放。

计算机 基础与实训教材系列

图 8-21　【属性】面板

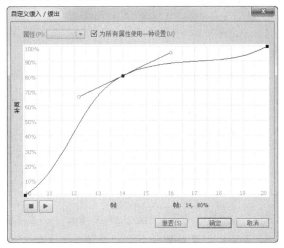

图 8-22　【自定义缓入/缓出】对话框

8.3　制作补间动画

补间动画是 Flash CC 2015 中的一种动画类型，它允许用户通过拖动舞台上的对象来创建动画。这让动画制作变得简单快捷。

⑧.3.1　创建补间动画

补间动画是通过一个帧中的对象属性指定一个值，然后为另一个帧中相同属性对象指定另一个值而创建的动画。由 Flash 自动计算这两个帧之间属性的值。

补间动画主要以元件对象为核心，一切的补间动作都是基于元件。具体操作方法如下。

首先创建元件，然后将元件放到起始关键帧中。然后右击第 1 帧，在弹出的快捷菜单中选择【创建补间动画】命令。此时，Flash 将创建补间范围。其中浅蓝色帧序列即为创建的补间范围，然后在补间范围内创建补间动画，如图 8-23 所示。

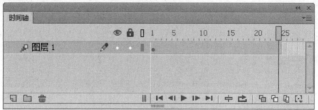

图 8-23　创建补间动画

 知识点

补间范围是时间轴上的显示为蓝色背景的一组帧，其舞台上的对象一个或多个属性可以随着时间来改变。可以对这些补间范围作为单个对象来选择。在每个补间范围中只能对一个目标对象进行动画处理。如果对象仅停留在 1 帧中，则补间范围的长度等于每秒的帧数。

【例 8-3】新建一个文档，创建补间动画。

(1) 启动 Flash CC 2015，新建一个 Flash 文档，选择【文件】|【导入】|【导入到舞台】命令，打开【导入】对话框。选择"背景"图片文件，单击【打开】按钮将其导入到舞台，如图 8-24 所示。

(2) 在【时间轴】面板上单击【新建图层】按钮，新建【图层 2】图层。选择【文件】|【导入】|【导入到舞台】命令，打开【导入】对话框。选择"小鸟"图片文件，单击【打开】按钮将其导入到舞台，如图 8-25 所示。

图 8-24　【导入】对话框

图 8-25　导入图片

(3) 选中"小鸟"图形，选择【修改】|【转换为元件】命令，打开【转换为元件】对话框。【名称】改为"小鸟"，【类型】选择为【影片剪辑】元件，然后单击【确定】按钮，如图 8-26 所示。

(4) 右击【图层 2】图层的第 1 帧，在弹出的快捷菜单中选择【创建补间动画】命令，如图 8-27 所示。

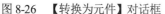

图 8-26　【转换为元件】对话框　　　　图 8-27　选择【创建补间动画】命令

(5) 此时，从第 1~24 帧之间形成了补间范围。选中第 24 帧，右击。从弹出的快捷菜单中，选择【插入关键帧】|【位置】命令，如图 8-28 所示。

(6) 此时，会在第 24 帧内插入一个标记为菱形的属性关键帧。将"小鸟"实例移动到右侧，舞台上会显示动画的运动路径，如图 8-29 所示。

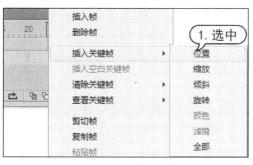

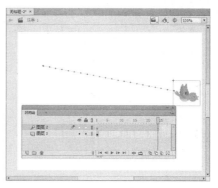

图 8-28　选择【位置】命令　　　　　　图 8-29　移动实例

(7) 右击【图层 1】图层第 24 帧处，在弹出的快捷菜单中选择【插入关键帧】命令，此时补间动画制作完成，如图 8-30 所示。

(8) 按下 Ctrl+Enter 组合键即可观看补间动画效果，如图 8-31 所示。

图 8-30　制作补间动画　　　　　　　　图 8-31　测试动画效果

8.3.2 编辑补间动画

在补间动画的补间范围内，用户可以为动画定义一个或多个属性关键帧，并可以为每个属性关键帧设置不同的属性。

右击补间动画的帧。在【插入关键帧】命令后的菜单中，共有 7 种属性关键帧选项，即【位置】、【缩放】、【倾斜】、【旋转】、【颜色】、【滤镜】和【全部】选项。其中，前 6 种针对 6 种补间动作类型，而第 7 种【全部】则可以支持所有补间类型。在关键帧上可以设置不同的属性值。打开其【属性】面板进行设置，如图 8-32 所示。

此外，在补间动画上的运动路径，可以使用【工具】面板上的【选择】工具、【部分选取】工具、【任意变形】工具、【钢笔】工具等工具选择运动路径，然后进行设置调整。这样可以编辑运动路径，改变补间动画移动的变化，如图 8-33 所示。

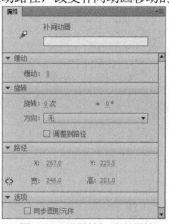

图 8-32　设置补间动画属性

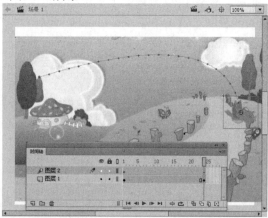

图 8-33　调整运动路径

8.3.3 使用【动画预设】面板

动画预设是指预先配置的补间动画，并将这些补间动画应用到舞台中的对象上。动画预设是添加一些基础动画的快捷方法，用户可以在【动画预设】面板中进行选择并应用动画。

 提示

　　在【动画预设】面板中，可以创建并保存自定义的动画预设，还可以导入和导出动画预设。但动画预设只能包含补间动画。

1. 使用动画预设

在舞台上选中元件实例或文本字段，选择【窗口】|【动画预设】命令，打开【动画预设】

面板。单击【默认预设】文件夹名称前面的 ▶ 按钮，展开文件夹。在该文件夹中显示了系统默认的动画预设，选中任意一个动画预设，单击【应用】按钮即可，如图 8-34 所示。

图 8-34 【动画预设】面板

> **提示**
>
> 每个对象只能应用一个动画预设。如果将第二个动画预设应用于相同的对象，则第二个动画预设将替换第一个预设。

一旦将预设应用于舞台中的对象后，在时间轴中会自动创建的补间动画。如图 8-35 所示为篮球元件添加了【小幅度跳跃】动画预设选项的效果。

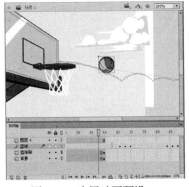

图 8-35 应用动画预设

> **提示**
>
> 在【动画预设】面板中删除或重命名某个动画预设，对之前应用该预设创建的所有补间没有任何影响。如果在面板中的现有的动画预设上保存新预设，它对使用原始预设创建的任何补间动画同样没有影响。

每个动画预设都包含特定数量的帧。在应用预设时，在时间轴中创建的补间范围将包含此数量的帧。如果目标对象已应用了不同长度的补间，补间范围将进行调整，以符合动画预设的长度。用户可在应用预设后调整时间轴中补间范围的长度。

2. 保存动画预设

保存动画预设，即可以将创建的补间动画保存为动画预设，也可以修改【动画预设】面板中应用的补间动画，再另存为新的动画预设。新预设将显示在【动画预设】面板中的【自定义预设】文件夹中。

要保存动画预设，首先选中时间轴中的补间动画范围、应用补间动画的对象或者运动路径，如图 8-36 所示。然后单击【动画预设】面板中的【将选区另存为预设】按钮 🗔，或者右击运动路径，在弹出的快捷菜单中选择【另存为动画预设】命令，打开【将预设另存为】对话框。在【预设名称】文本框中输入另存为动画预设的预设名称，单击【确定】按钮，即可保存动画预设，如图 8-37 所示。此时，在【动画预设】面板中的【自定义预设】文件夹中将显示保存的【新预设】选项。

图 8-36　选中补间动画范围

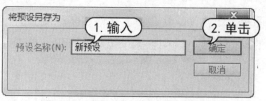

图 8-37　【将预设另存为】对话框

3. 导入和导出动画预设

用户还可以对【动画预设】面板中的预设进行导入或导出操作。右击【动画预设】面板中的某个预设，在弹出的快捷菜单中选择【导出】命令，打开【另存为】对话框。在【保存类型】下拉列表中默认的保存预设文件后缀名为*.xml，在【文件名】文本框中可以输入导出的动画预设名称。单击【保存】按钮，完成导出动画预设操作，如图 8-38 所示。

要导入动画预设，首先应选中【动画预设】面板中要导入预设的文件夹，然后单击【动画预设】面板右上角的 按钮。在菜单中选择【导入】命令，打开【导入动画预设】对话框。选中要导入的动画预设，单击【打开】按钮，导入到【动画预设】面板中，如图 8-39 所示。

图 8-38　保存动画预设

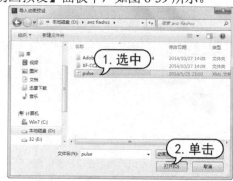

图 8-39　【导入动画预设】对话框

4. 创建自定义动画预设预览

自定义的动画预设是不能在【动画预设】面板中预览的。但是，用户可以为所创建的自定义动画预设创建预览。通过将演示补间动画的 SWF 文件存储于动画预设 XML 文件所在的目录中，即可在【动画预设】面板中预览自定义动画预设。具体操作方法如下。

创建补间动画，另存为自定义预设。选择【文件】|【发布】命令，从 FLA 文件创建 SWF 文件。将 SWF 文件拖动到已保存的自定义动画预设 XML 文件所在的目录中即可。

⑧.3.4　使用【动画编辑器】

用户通过使用 Flash CC 2015 的【动画编辑器】，可以更加详细地设置补间动画的运动轨迹。由于前面的 Flash CC 版本取消了【动画编辑器】面板，所以在 2014 和 2015 版本中又将其整合入【时间轴】面板中。

创建完补间动画后，双击补间动画其中任意 1 帧，即可在【时间轴】面板中打开【动画编辑器】。【动画编辑器】将在网格上显示属性曲线，该网格表示发生选定补间的时间轴的各个帧，如图 8-40 所示。

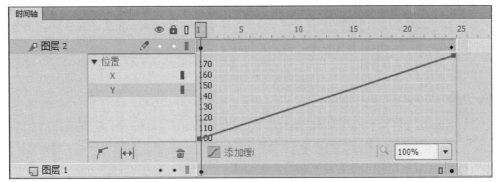

图 8-40　显示【动画编辑器】

在【动画编辑器】中可以进行以下操作。

- 右击曲线网格，在弹出的快捷菜单中包括【复制】、【粘贴】、【反转】、【翻转】等命令。通过这些命令，用户可对动画进行编辑。例如，选择【翻转】命令，可以将曲线呈镜像反转，从而改变运动轨迹，如图 8-41 所示。

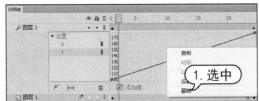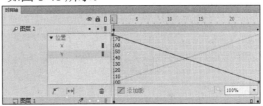

图 8-41　选择【翻转】命令

- 单击【适应视图大小】按钮 ↔，可以让曲线网格界面适合当前的时间轴面板大小，如图 8-42 所示。

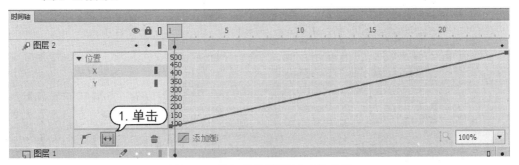

图 8-42　单击【适应视图大小】按钮

- 单击【在图形上添加锚点】按钮 ，可以通过在曲线上添加锚点来改变运动轨迹，如图 8-43 所示。
- 单击【添加缓动】按钮 弹出面板，选择添加各种缓动选项，也可以添加锚点自定义缓动曲线，如图 8-44 所示。

计算机 基础与实训教材系列

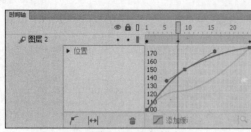

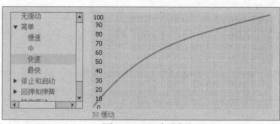

图 8-43　添加锚点　　　　　　　　　　　　　图 8-44　添加缓动

 知识点

在【动画编辑器】中，可以精确控制补间的每条属性曲线的形状(x、y 和 z 轴属性除外)。对于其他属性，可以使用标准贝塞尔控件(锚点)编辑每个图形的曲线。使用这些控件与【选取】工具或【钢笔】工具编辑笔触的方法相似。向上移动曲线段或控制点可增加属性值，向下移动可减小属性值。

8.4　制作引导层动画

在 Flash CC 2015 中，引导层是一种特殊的图层。在该图层中，同样可以导入图形和引入元件。但是最终发布动画时引导层中的对象不会被显示出来。按照引导层发挥的功能不同，可以将其分为普通引导层和传统运动引导层这两种类型。

8.4.1　创建普通引导层

普通引导层在【时间轴】面板的图层名称前方会显示 图标，该图层主要用于辅助静态对象定位，并且可以不产生被引导层而单独使用。

创建普通引导层的方法与创建普通图层方法相似。右击要创建普通引导层的图层，在弹出的菜单中选择【引导层】命令，即可创建普通引导层，如图 8-45 所示。

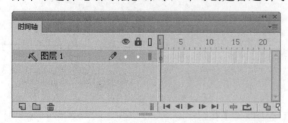

图 8-45　创建普通引导层

💡 **提示**

重复操作，右击普通引导层，在弹出的快捷菜单中选择【引导层】命令，可以将普通引导层转换为普通图层。

8.4.2 创建传统运动引导层

传统运动引导层在时间轴上以 按钮表示。该图层主要用于绘制对象的运动路径，可以将图层链接到同一个运动引导层中，使图层中的对象沿引导层中的路径运动。此时，该图层将位于传统运动引导层下方并成为被引导层。

右击要创建传统运动引导层的图层，在弹出的菜单中选择【添加传统运动引导层】命令，即可创建传统运动引导层。而该引导层下方的图层会转换为被引导层，如图 8-46 所示。

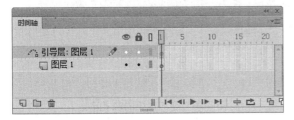

图 8-46 创建传统运动引导层

提示

重复操作，右击传统运动引导层，在弹出的快捷菜单中选择【引导层】命令，可以将传统运动引导层转换为普通图层。

下面将通过一个简单实例说明传统运动引导层动画的创建方法。

【例 8-4】新建一个文档，制作传统运动引导层动画。

(1) 启动 Flash CC 2015，新建一个文档。选择【文件】|【导入】|【导入到舞台】命令，将"背景"图形文件导入到舞台中，重命名【图层 1】图层为"背景"，并锁定该图层，如图 8-47 所示。

(2) 新建【图层 2】图层，打开"花纹"文档，将里面的花纹图形复制到当前新文档舞台中，重命名【图层 2】图层为"花纹"。锁定该图层，并将【花纹】图层移动到【背景】图层上，如图 8-48 所示。

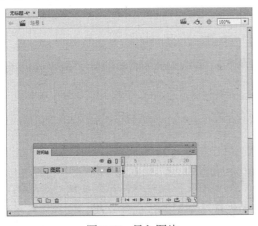

图 8-47 导入图片

图 8-48 复制花纹

(3) 新建【图层 3】图层，将一个蝴蝶图形导入到舞台中，转换该图形为【图形】元件。然后进行大小和位置的设置，重命名【图层 3】图层为"蝴蝶"，并将【蝴蝶】图层移动到最上层，如图 8-49 所示。

（4）右击【蝴蝶】图层，在弹出的快捷菜单中选择【添加传统运动引导层】命令。在【蝴蝶】图层上添加一个引导层，如图 8-50 所示。

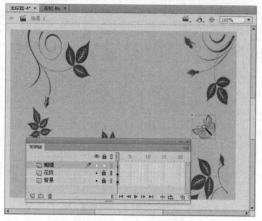

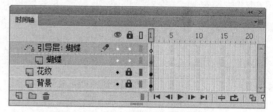

图 8-49　新建图层　　　　　　　　　　　　图 8-50　添加传统运动引导层

（5）选择传统运动引导层，选择【铅笔】工具。将其设置为平滑模式，绘制运动轨迹曲线，如图 8-51 所示。

（6）分别选中【引导层】、【花纹】、【背景】图层，按 F5 键直至添加到 30 帧。选中【蝴蝶】图层，在时间轴上的第 30 帧处插入关键帧，然后在 1~29 帧之间右击。在弹出的菜单中，选择【创建传统补间】命令，在【蝴蝶】图层上创建传统补间动画，如图 8-52 所示。

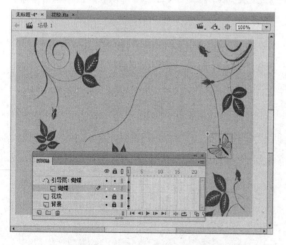

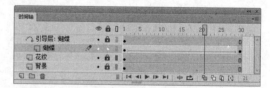

图 8-51　绘制运动轨迹线　　　　　　　　　　图 8-52　创建传统补间动画

（7）锁定【引导层】图层，然后在【蝴蝶】图层第 1 帧处拖动蝴蝶对象到曲线的起始端，使其紧贴在引导线上。在【蝴蝶】图层第 30 帧处拖动蝴蝶对象到曲线的终点端，使其紧贴在引导线上，如图 8-53 所示。

（8）单击【蝴蝶】图层第 1~29 帧的随意一处，选择【窗口】|【属性】命令，打开其【属性】面板。选中【调整到路径】复选框，如图 8-54 所示。

图 8-53　使元件紧贴曲线

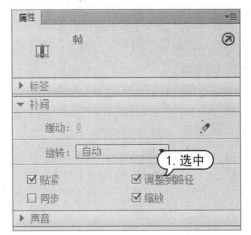

图 8-54　选中【调整到路径】复选框

(9) 选择【文件】|【保存】命令，打开【另存为】对话框。将其命名为"引导层动画"文档加以保存，如图 8-55 所示。

(10) 此时，按 Ctrl+Enter 组合键测试动画效果，如图 8-56 所示。

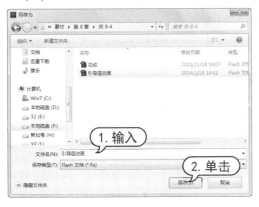

图 8-55　保存文档

图 8-56　测试动画效果

8.5　制作遮罩层动画

使用 Flash 的遮罩层可以制作更加复杂的动画。在动画中只需要设置一个遮罩层，就能遮掩一些对象，可以制作出灯光移动或其他复杂的动画效果。

8.5.1　遮罩层动画原理

Flash CC 2015 中的遮罩层是制作动画时非常有用的一种特殊图层，它的作用就是可以通过遮罩层内的图形看到被遮罩层中的内容。利用这一原理，用户可以使用遮罩层制作出多种复杂的动画效果。

在遮罩层中，与遮罩层相关联的图层中的实心对象将被视作一个透明的区域，透过这个区域可以看到遮罩层下面一层的内容；而与遮罩层没有关联的图层，则不会被看到。其中，遮罩层中的实心对象可以是填充的形状、文字对象、图形元件的实例或影片剪辑等。但是，线条不能作为与遮罩层相关联的图层中实心对象。

 提示 ------------------------------

此外，设计者还可以创建遮罩层动态效果。对于用作遮罩的填充形状，可以使用补间形状；对于对象、图形实例或影片剪辑，可以使用补间动画。当使用影片剪辑实例作为遮罩时，可以使遮罩沿着运动路径运动。

⑧.5.2 创建遮罩层动画

所有的遮罩层都是由普通层转换过来的。要将普通层转换为遮罩层，可以右击该图层，在弹出的快捷菜单中选择【遮罩层】命令。此时该图层的图标会变为 🔲，表明它已被转换为遮罩层；而紧贴它下面的图层将自动转换为被遮罩层，图标将变为 🔄。

在创建遮罩层后，通常遮罩层下方的一个图层会自动设置为被遮罩图层。若要创建遮罩层与普通图层的关联，使遮罩层能够同时遮罩多个图层，可以通过下列方法来实现。

- 在时间轴上的【图层】面板中，将现有的图层直接拖动到遮罩层下面。
- 在遮罩层的下方创建新的图层。
- 选择【修改】|【时间轴】|【图层属性】命令，打开【图层属性】对话框。在【类型】选项区域中选中【被遮罩】单选按钮，然后单击【确定】按钮即可，如图 8-57 所示。

如果要断开某个被遮罩图层与遮罩层的关联，可先选择要断开关联的图层，然后将该图层拖到遮罩层的上面；或选择【修改】|【时间轴】|【图层属性】命令，在打开的【图层属性】对话框中的【类型】选项区域中，选中【一般】单选按钮，然后单击【确定】按钮即可，如图 8-58 所示。

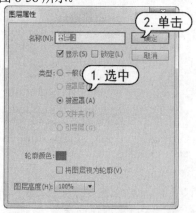

图 8-57　选中【被遮罩】单选按钮

图 8-58　选中【一般】单选按钮

提示

仅当某一图层上方存在遮罩层时,【图层属性】对话框中的【被遮罩】单选按钮才处于可选状态。

【例 8-5】使用遮罩层制作卷轴动画。

(1) 启动 Flash CC,打开一个名为"素材"的文档,如图 8-59 所示。

(2) 选择【椭圆】工具,打开【属性】面板,将笔触颜色设置为无,填充颜色设置为红色,如图 8-60 所示。

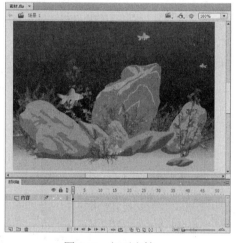

图 8-59 打开文档

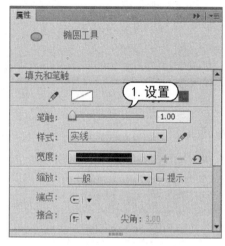

图 8-60 设置椭圆属性

(3) 在【时间轴】面板上单击【新建图层】按钮,新建【图层 1】。按住 Shift 键绘制一个正圆形,如图 8-61 所示。

(4) 选择圆形,选择【窗口】|【对齐】命令,打开【对齐】面板。选择【与舞台对齐】复选框,单击【水平中齐】和【垂直中齐】按钮,如图 8-62 所示。

图 8-61 新建图层绘制圆形

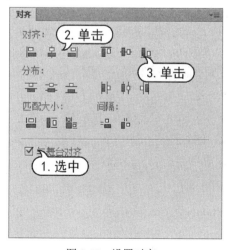

图 8-62 设置对齐

(5) 选择【图层 1】第 21 帧，按 F7 键插入空白关键帧。选择第 20 帧，按 F6 键插入关键帧，如图 8-63 所示。

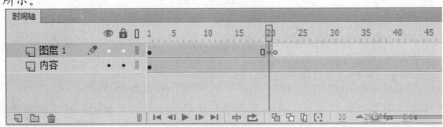

图 8-63　插入帧

(6) 选中第 20 帧，选择【任意变形】工具。选择圆形，按 Shift 键向外拖动控制点，等比例从中心往外扩大圆形，如图 8-64 所示。

(7) 右击第 1 帧，在弹出的快捷菜单中选择【创建补间形状】命令，创建补间形状动画，如图 8-65 所示。

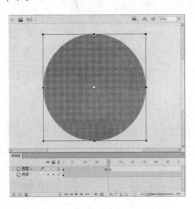

图 8-64　放大矩形

图 8-65　创建补间形状动画

(8) 右击【图层 1】，在弹出的快捷菜单中选择【遮罩层】命令。使【图层 1】转换为【内容】图层的遮罩层，如图 8-66 所示。

(9) 按 Ctrl+Enter 组合键，测试动画效果，如图 8-67 所示。

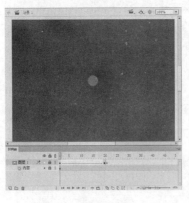

图 8-66　转换遮罩层

图 8-67　测试动画效果

一个遮罩层只能包含一个遮罩项目，按钮内部不能有遮罩层，也不能将一个遮罩应用于另一个遮罩。

⑧.6 制作骨骼动画

使用 Flash CC 2015 中的【骨骼工具】可以轻松地将一系列连接的对象创建链型效果，帮助用户更加轻松地创建出各种人物动画，如胳膊、腿的反向运动效果。

⑧.6.1 添加骨骼

反向运动(IK)是指使用骨骼的关节结构对一个对象或彼此相关的一组对象进行动画处理的方法。使用骨骼，元件实例和形状对象可以按复杂而自然的方式移动，而只须做很少的设计工作。

可以向单独的元件实例或单个形状的内部添加骨骼。在一个骨骼移动时，与启动运动的骨骼相关的其他连接骨骼也会移动。使用反向运动进行动画处理时，只须指定对象的开始位置和结束位置。骨骼链称为骨架。在父层与子层的层次结构中，骨架中的骨骼彼此相连。骨架可以是线性或分支的。源于同一骨骼的骨架分支称为同级。骨骼之间的连接点称为关节。

在 Flash 中可以按两种方式使用【骨骼工具】：一是通过添加将每个实例与其他实例连接在一起的骨骼，用关节连接一系列的元件实例；二是向形状对象的内部添加骨架，可以在合并绘制模式或对象绘制模式中创建形状。在添加骨骼时，Flash 可以自动创建与对象关联的骨架移动到时间轴中的姿势图层。此新图层称为骨架图层。每个骨架图层只能包含一个骨架及其关联的实例或形状。

 提示

向单个形状或一组形状添加骨骼。在任一情况下，在添加第一个骨骼之前必须选择所有形状。在将骨骼添加到所选内容后，Flash 将所有的形状和骨骼转换为骨骼形状对象，并将该对象移动到新的骨架图层。但在这个形状转换为骨骼形状后，它无法再与骨骼形状外的其他形状合并。

1. 向形状添加骨骼

在舞台中绘制一个图形。选中该图形，选择【工具】面板中的【骨骼工具】。在图形中单击，并将其拖动到形状内的其他位置。在拖动时，将显示骨骼。释放鼠标后，在单击的点和释放鼠标的点之间将显示一个实心骨骼。每个骨骼都由头部、线和尾部组成。

其中骨架中的第一个骨骼是根骨骼，显示为一个圆围绕骨骼头部。添加第一个骨骼时，在形状内往骨架根部所在的位置单击即可连接，如图 8-68 所示。要添加其他骨骼，可以拖动第一个骨骼的尾部到形状内的其他位置即可，第二个骨骼将成为根骨骼的子级。按照要创建的父层与子层关系的顺序，将形状的各区域与骨骼链接在一起。

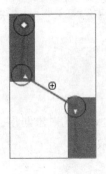

提示

> 将形状变为骨骼形状后，就无法再添加新笔触，但仍可以向形状的现有笔触添加控制点或从中删除控制点。

图 8-68　形状上添加骨骼

2. 向元件添加骨骼

通过【骨骼工具】可以向影片剪辑、图形和按钮元件实例添加 IK 骨骼，将元件和元件链接在一起，共同完成一套动作。

在舞台中有一个由多个元件组成的对象。选择【骨骼工具】，单击要成为骨架的元件的头部或根部，然后拖动到另一个元件实例，将两个元件链接在一起。如果要添加其他骨骼，使用【骨骼工具】从第一个骨骼的根部拖动到下一个元件实例即可，如图 8-69 所示。

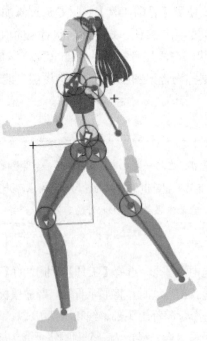

图 8-69　元件上添加骨骼

8.6.2　编辑骨骼

创建骨骼后，可以使用多种方法编辑骨骼。例如，选择骨骼，重新定位骨骼，删除骨骼，移动骨骼，以及编辑包含骨骼的对象。

1. 选择骨骼

要编辑骨架，首先要选择骨骼，可以通过以下方法选择骨骼。

- 要选择单个骨骼，可以选择【选择工具】，单击骨骼即可。
- 按住 Shift 键，可以单击选择同个骨骼中的多个骨架。
- 要将所选内容移动到相邻骨骼，可以单击【属性】面板中的【上一个同级】、【下一个同级】、【父级】或【子级】按钮。
- 要选择整个骨架并显示骨架的属性和骨架图层，可以单击骨骼图层中包含骨架的帧。
- 要选择骨骼形状，单击该形状即可。

2. 重新定位骨骼

添加的骨骼还可以重新定位，主要由以下方式可以实现。

- 要重新定位骨架的某个分支，可以拖动该分支中的任何骨骼。该分支中的所有骨骼都将移动，骨架的其他分支中的骨骼不会移动。
- 要将某个骨骼与子级骨骼一起旋转而不移动父级骨骼，可以按住 Shift 键拖动该骨骼。
- 要将某个骨骼形状移动到舞台上的新位置，请在属性检查器中选择该形状并更改 X 和 Y 属性。

3. 删除骨骼

删除骨骼可以删除单个骨骼和所有骨骼，可以通过以下方式实现。

- 要删除单个骨骼及所有子级骨架，可以选中该骨骼，按下 Delete 键即可。
- 要从某个骨骼形状或元件骨架中删除所有骨骼，可以选择该形状或该骨架中的任何元件实例，选择【修改】|【分离】命令，分离为图形即可删除整个骨骼。

4. 移动骨骼

移动骨骼操作可以移动骨骼的任一端位置，并且可以调整骨骼的长度，具体方式如下。

- 要移动骨骼形状内骨骼任一端的位置，可以选择【部分选取工具】，拖动骨骼的一端即可。
- 要移动元件实例内骨骼连接、头部或尾部的位置，打开【变形】面板，移动实例的变形点，骨骼将随变形点移动。
- 要移动单个元件实例而不移动任何其他链接的实例，可以按住 Alt 键，拖动该实例，或者使用任意变形工具拖动它。连接到实例的骨骼会自动调整长度，以适应实例的新位置。

5. 编辑骨骼形状

用户还可以对骨骼形状进行编辑。使用【部分选取工具】，可以在骨骼形状中删除和编辑轮廓的控制点。

- 要移动骨骼的位置而不更改骨骼形状，可以拖动骨骼的端点。
- 要显示骨骼形状边界的控制点，单击形状的笔触即可。
- 要移动控制点，直接拖动该控制点即可。
- 要删除现有的控制点，选中控制点，按下 Delete 键即可。

⑧.6.3　创建骨骼动画

创建骨骼动画的方式与 Flash 中的其他对象不同。对于骨架，只须向骨架图层中添加帧并在舞台上重新定位骨架即可创建关键帧。骨架图层中的关键帧称为姿势，每个姿势图层都自动充当补间图层。

> **提示**
>
> 要在时间轴中对骨架进行动画处理，可以右击骨架图层中要插入姿势的帧。在弹出的快捷菜单中选择【插入姿势】命令，插入姿势。然后使用选取工具，更改骨架的配置。Flash 会自动在姿势之间的帧中插入骨骼。如果要在时间轴中更改动画的长度，直接拖动骨骼图层中末尾的姿势即可。

【例 8-6】新建一个文档，创建运动骨骼动画。

(1) 启动 Flash CC 2015，新建一个 Flash 文档，然后选择【导入】|【导入到舞台】命令，将名为"背景"的图片文件导入到舞台并调整其位置，如图 8-70 所示。

(2) 选择【插入】|【新建元件】命令，创建影片剪辑元件"女孩"，如图 8-71 所示。

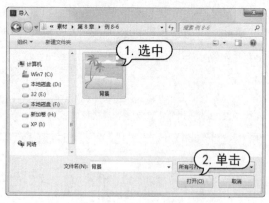

图 8-70　导入图片

图 8-71　新建影片剪辑元件

(3) 选择【文件】|【导入】|【打开外部库】命令，打开 gril 文件。将外部库中的女孩图形的组成部分的影片剪辑元件，拖动到舞台中，如图 8-72 所示。

(4) 使用【骨骼工具】，在多个躯干实例之间添加骨骼，并调整骨骼之间的旋转角度，如图 8-73 所示。

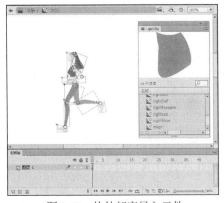
图 8-72　从外部库导入元件

图 8-73　添加骨骼

(5) 选择图层的第 50 帧，选择【插入普通帧】命令。然后在第 25 帧处，选择【插入姿势】命令，并调整骨骼的姿势，如图 8-74 所示。

(6) 返回【场景一】，新建【图层 2】，将【女孩】影片剪辑拖动到舞台的右侧，如图 8-75 所示。

图 8-74　插入姿势

图 8-75　拖动影片剪辑元件

(7) 选择第 100 帧，将该影片剪辑移动到舞台左侧，并添加补间形状动画。【图层 1】增添关键帧，使背景图和女孩图形都显示，如图 8-76 所示。

(8) 返回【场景一】，新建【图层 2】。将【女孩】影片剪辑拖动到舞台的右侧，并添加传统补间动画。在【图层 1】增添关键帧，使背景图和女孩图形可以显示，如图 8-77 所示。

图 8-76　添加传统补间动画

图 8-77　测试动画效果

计算机基础与实训教材系列

8.7 制作多场景动画

在 Flash CC 2015 中，除了默认的单场景动画以外，用户还可以应用多个场景来编辑动画。例如，动画风格转换时就可以使用多个场景。

8.7.1 编辑场景

Flash 默认只使用一个场景(场景 1)来组织动画，用户可以自行添加多个场景来丰富动画。每个场景都有自己的主时间轴，在其中制作动画的方法也一样。

下面介绍场景的创建和编辑的方法。

- 添加场景：要创建新场景，可以选择【窗口】|【场景】命令，在打开的【场景】面板中单击【添加场景】按钮 🖵，即可添加【场景 2】，如图 8-78 所示。

- 切换场景：要切换多个场景，可以单击【场景】面板中要进入的场景，或者单击舞台右上方的【编辑场景】按钮 🎬，选择下拉列表选项，如图 8-79 所示。

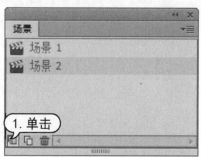

图 8-78　单击【添加场景】按钮

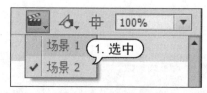

图 8-79　切换场景

- 更改场景名称：要重命名场景，可以双击【场景】面板中要改名的场景，使其变为可编辑状态，输入新名称即可，如图 8-80 所示。

- 复制场景：要复制场景，可以在【场景】面板中选择要复制的场景，单击【重制场景】按钮 🗐，即可将原场景中所有内容都复制到当前场景中，如图 8-81 所示。

图 8-80　更改场景名称

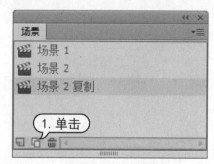

图 8-81　复制场景

⊙ 排序场景：要更改场景的播放顺序，可以在【场景】面板中拖动场景到相应位置即可，如图 8-82 所示。

⊙ 删除场景：要删除场景，可以在【场景】面板中选中某场景。单击【删除场景】按钮🗑，在弹出的提示对话框中单击【确定】按钮即可，如图 8-83 所示。

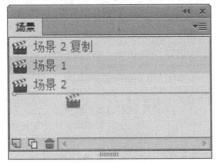

图 8-82　排序场景

图 8-83　删除场景

8.7.2　创建多场景动画

下面用一个简单实例来介绍如何制作多场景动画。

【例 8-7】打开"飞机飞行"文档，创建多场景动画。

(1) 启动 Flash CC 2015，打开"飞机飞行"文档，如图 8-84 所示。

(2) 选择【窗口】|【其他面板】|【场景】命令，打开【场景】面板。单击其中的【复制场景】按钮🗐，出现【场景 1 复制】场景选项，如图 8-85 所示。

图 8-84　打开文档

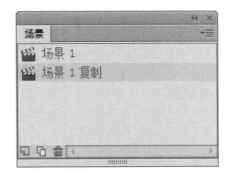

图 8-85　复制场景

(3) 双击该场景，输入新名称"场景 2"，如图 8-86 所示。

(4) 用相同方法创建新场景，并重命名为"场景 3"，如图 8-87 所示。

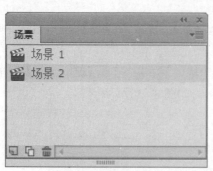

图 8-86　新建场景

图 8-87　新建场景

(5) 选择【文件】|【导入】|【导入到库】命令，打开【导入到库】对话框。选择 2 张位图文件导入到库，如图 8-88 所示。

(6) 选择【场景 3】中的背景图形，打开其【属性】面板。单击【交换】按钮，如图 8-89 所示。

图 8-88　【导入到库】对话框

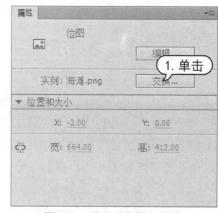

图 8-89　单击【交换】按钮

(7) 打开【交换位图】对话框，选择【城堡】图片文件，单击【确定】按钮，如图 8-90 所示。

(8) 此时，【场景 3】背景图由海滩变成了城堡，如图 8-91 所示。

图 8-90　【交换位图】对话框

图 8-91　背景图改变

(9) 在【场景】面板上选中【场景2】。使用相同的方法，在【交换位图】对话框中选择【沙漠】图形文件，如图 8-92 所示。

(10) 此时，【场景2】也改变了背景图形为沙漠，如图 8-93 所示。

图 8-92　选择场景

图 8-93　背景图改变

(11) 打开【场景】面板，将【场景3】和【场景2】拖动到【场景1】之上，使 3 个场景以【场景3】、【场景2】、【场景1】的顺序来排列，如图 8-94 所示。

(12) 按 Ctrl+Enter 组合键，预览动画效果，如图 8-95 所示。

图 8-94　排序场景

图 8-95　测试动画效果

⑧.8　上机练习

本章的上机练习主要是制作卷轴动画和放大文字动画，从而使用户更好地掌握 Flash CC 2015 制作动画的相关操作内容。

⑧.8.1　制作卷轴动画

(1) 启动 Flash CC 2015，选择【新建】|【文档】命令，新建一个文档。

(2) 打开其【属性】面板，设置帧频为 10，文档大小为 300×500 像素，如图 8-96 所示。

(3) 选择【文件】|【导入】|【导入到舞台】命令，打开【导入】对话框。选择"背景"位图文件，单击【打开】按钮，将其导入到舞台中并调整大小，如图 8-97 所示。

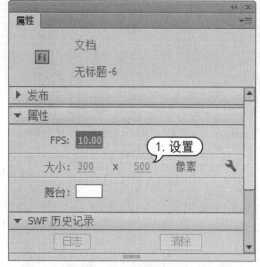

图 8-96　设置属性　　　　　　　　　　　图 8-97　导入图片

(4) 新建图层，选择【文件】|【导入】|【导入到舞台】命令，将一张名为"画"的位图导入到舞台上，如图 8-98 所示。

(5) 在舞台上调整画在背景上的位置和大小，如图 8-99 所示。

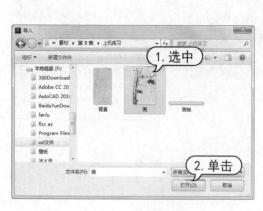

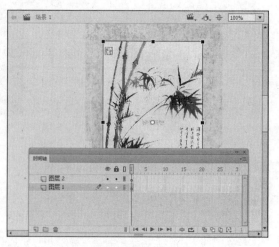

图 8-98　导入图片　　　　　　　　　　　图 8-99　调整图片

(6) 将【图层 2】改名为【画】图层。选择【矩形】工具绘制白色矩形，处于画的下方，作为画的边框。然后选择两者，选择【修改】|【转换为元件】命令，将其转换为图形元件。

(7) 新建【画轴 1】图层，导入名为【画轴】的元件，将其拖动到画的顶端。然后再新建【画轴 2】图层，复制画轴元件，并将其拖动到画的底端，如图 8-100 所示。

(8) 在所有图层的第 50 帧处插入关键帧，右击【画轴 2】图层中的任意 1 帧。在弹出的菜单中选择【创建传统补间】命令，创建传统补间动画，如图 8-101 所示。

图 8-100　复制画轴　　　　　　　　　　图 8-101　创建传统补间动画

(9) 在【画】图层上新建遮罩层，然后在【遮罩层】图层中两个画轴之间绘制一个矩形，填充色为绿色，如图 8-102 所示。

(10) 选择【画轴 2】图层中的第 1 帧，将底端画轴元件移动紧贴顶端画轴的下方，如图 8-103 所示。

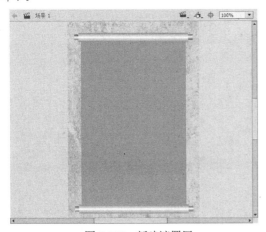

图 8-102　新建遮罩层　　　　　　　　　　图 8-103　移动画轴

(11) 右击【遮罩层】图层中的任意 1 帧，在弹出的菜单中选择【创建补间形状】命令，创建补间形状动画。锁定【遮罩层】图层，即可完成卷轴动画，如图 8-104 所示。

(12) 选择【文件】|【保存】命令将其命名为"卷轴动画"文档加以保存。按 Ctrl+Enter 组合键，预览动画效果，如图 8-105 所示。

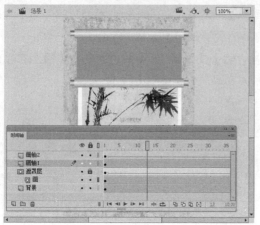

图 8-104　创建补间形状动画　　　　　　图 8-105　测试动画效果

8.8.2　制作放大文字动画

(1) 启动 Flash CC 2015，新建一个文档。选择【修改】|【文档】命令，打开【文档设置】对话框，设置【舞台大小】为 600×400 像素，如图 8-106 所示。

(2) 选择【文件】|【导入】|【导入到舞台】命令，选择"红心"图片文件，单击【打开】按钮，如图 8-107 所示。

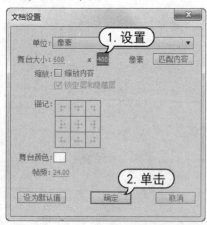

图 8-106　设置属性　　　　　　　　　图 8-107　导入图片

(3) 选中舞台中的图片，打开【对齐】面板。单击【水平居中】按钮、【垂直居中】按钮、【匹配宽与高】按钮，改变图片的大小和位置，如图 8-108 所示。

(4) 选中图片，按 F8 键，打开【转换为元件】对话框。输入【名称】为"红心"，【类型】设置为【图形】元件，单击【确定】按钮，如图 8-109 所示。

图 8-108　设置图片　　　　　　　　　图 8-109　【转换为元件】对话框

　　(5) 选择【图层 1】的第 135 帧，按 F5 键插入帧。选中第 40 帧，按 F6 键插入关键帧，如图 8-110 所示。

　　(6) 选择【图层 1】的第 1 帧，选中舞台中元件，打开其【属性】面板。在【色彩效果】组里设置【样式】为 Alpha，Alpha 值为 30%，如图 8-111 所示。

图 8-110　插入帧　　　　　　　　　　图 8-111　设置样式

　　(7) 选择【图层 1】的第 40 帧，选中舞台中元件，打开其【属性】面板。在【色彩效果】组里设置【样式】为无，如图 8-112 所示。

　　(8) 在第 1~39 帧内任意 1 帧右击，选择【创建传统补间】命令，形成传统补间动画，如图 8-113 所示。

图 8-112　设置样式　　　　　　　　　图 8-113　创建传统补间动画

　　(9) 新建【图层 2】，选择【插入】|【新建元件】命令，打开【创建新元件】对话框。在【名称】中输入 L，【类型】设置为图形元件，单击【确定】按钮，如图 8-114 所示。

　　(10) 在【工具】面板中选择【文字】工具，在舞台中输入文本 L。【系列】设置为 Algerian，【大小】为 100，【颜色】为白色，如图 8-115 所示。

图 8-114 【创建新元件】对话框

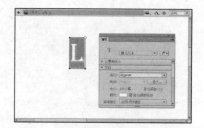

图 8-115 输入文字

(11) 单击【返回】按钮 ←，返回场景。使用相同的方法，新建另外 3 个图形元件，并分别输入：O，V，E，如图 8-116 所示。

(12) 选中【图层 2】第 40 帧，按 F6 键插入关键帧。将【库】面板中 L 元件拖动到舞台中，调整元件的位置，如图 8-117 所示。

图 8-116 新建元件

图 8-117 拖动元件至舞台中

(13) 选中【图层 2】第 49 帧，按 F6 键插入关键帧。选择【窗口】|【变形】命令，打开【变形】面板。设置【缩放宽度】为 200%，【缩放高度】为 200%，在该图层的第 40 帧到 48 帧之间任意帧右击，选择【创建传统补间】命令，形成传统补间动画，如图 8-118 所示。

(14) 选中【图层 2】的第 54 帧，插入关键帧。打开【变形】面板，将元件 L 的【缩放宽度】和【缩放高度】设置为 100%。在第 49 帧到 54 帧之间创建传统补间动画，如图 8-119 所示。

图 8-118 创建传统补间动画

图 8-119 创建传统补间动画

(15) 新建【图层 3】，选择第 40 帧，插入关键帧。在【库】面板中将 O 元件拖动到舞台中，放在合适的位置，如图 8-120 所示。

(16) 在该图层的第 47 帧和第 57 帧位置插入关键帧。选中第 57 帧中的 O 元件，打开【变形】面板。将元件的【缩放宽度】和【缩放高度】设置为 200%，在第 47 至 57 帧之间创建传统补间动画，如图 8-121 所示。

图 8-120　创建传统补间动画

图 8-121　创建传统补间动画

(17) 在第 63 帧处插入关键帧，打开【变形】面板。将 O 元件缩小到 100%，然后在第 57 至 63 帧间创建传统补间动画，如图 8-122 所示。

(18) 新建【图层 4】，选中第 40 帧，插入关键帧。在【库】面板中将 V 元件拖动到舞台中并调整位置，如图 8-123 所示。

图 8-122　创建传统补间动画

图 8-123　拖动元件至舞台中

(19) 在第 55 帧、第 65 帧、第 70 帧处插入关键帧。选中第 65 帧，在【变形】面板中将 V 元件的【缩放宽度】和【缩放高度】设置为 200%，如图 8-124 所示。

(20) 分别在第 55 至 65 帧之间和第 65 至 70 帧之间创建传统补间动画，如图 8-125 所示。

图 8-124　设置元件

图 8-125　创建传统补间动画

(21) 新建【图层5】，选中第40帧，插入关键帧。在【库】面板中将E元件拖动到舞台中并调整位置，如图8-126所示。

(22) 在第63帧、第73帧、第78帧处插入关键帧。选中第73帧，在【变形】面板中将V元件的【缩放宽度】和【缩放高度】设置为200%。分别在第63至73帧之间和第73至78帧之间创建传统补间动画，如图8-127所示。

图8-126　拖动元件至舞台中

图8-127　创建传统补间动画

(23) 选择【文件】|【另存为】命令，打开【另存为】对话框。将其命名为"放大文本"加以保存，如图8-128所示。

(24) 按 Ctrl+Enter 组合键测试影片，效果为按顺序循环放大字体，如图8-129所示。

图8-128　保存文档

图8-129　测试影片效果

8.9　习题

1. 简述补间动画、补间形状动画和传统补间动画的各自特点。

2. 如何使用【动画编辑器】？

3. 制作补间形状动画，内容为燃放烟火。

第9章

使用 ActionScript 语言

学习目标

ActionScript 是 Flash 的动作脚本语言。在 Flash CC 2015 中使用动作脚本语言可以与后台数据库进行交流，使用组件可以快速地在 Flash 文档中添加所需的界面元素。从而可以制作出交互性强、动画效果更加绚丽的 Flash 动画。本章主要介绍 ActionScript 基础知识，以及其交互式动画的应用内容。

本章重点

- ⦿ ActionScript 基本语法
- ⦿ ActionScript 函数、常量和变量
- ⦿ ActionScript 常用语句
- ⦿ 添加代码
- ⦿ 处理对象
- ⦿ 使用类和数组

⑨.1 ActionScript 语言简介

ActionScript 是 Flash 与程序进行通信的方式。可以通过输入代码，让系统自动执行相应的任务，并询问在影片运行时发生的情况。这种双向的通信方式，可以创建具有交互功能的影片，也使得 Flash 能优于其他动画制作软件。

⑨.1.1　使用【动作】面板

ActionScript 语言是 Flash 提供的一种动作脚本语言。在 ActionScript 动作脚本中包含了动

作、运算符和对象等元素，可以将这些元素组织到动作脚本中，然后指定要执行的操作。使用 ActionScript 语言，能够更好地控制动画元件，从而提高动画的交互性。

在 Flash CC 中，要进行动作脚本设置，首先选中关键帧，然后选择【窗口】|【动作】命令，打开【动作】面板。该面板主要由工具栏、脚本语言编辑区域和对象窗口组成，如图 9-1 所示。

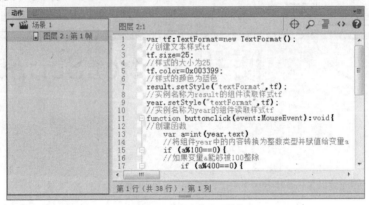

图 9-1　【动作】面板

1. 工具栏

工具栏位于脚本语言编辑区域上方，有关工具栏中主要按钮的具体作用如下。

- 【插入目标路径】按钮⊕：单击该按钮，打开【插入目标路径】对话框。在其中可以选择插入按钮或影片剪辑元件实例的目标路径，如图 9-2 所示。
- 【查找】按钮🔍：单击该按钮，展开高级选项，在文本框中可以输入内容，可以进行查找与替换。
- 【代码片段】按钮<>：单击该按钮，打开【代码片段】面板。在其中可以使用预设的 ActionScript 语言，如图 9-3 所示。
- 【帮助】按钮❓：单击该按钮，打开链接网页，将提供 ActionScript 语言的帮助信息。

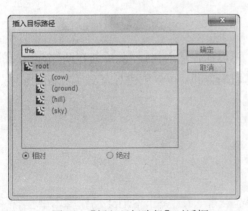

图 9-2　【插入目标路径】对话框

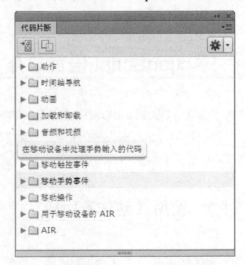

图 9-3　【代码片段】面板

2. 脚本语言编辑区域

在脚本语言编辑区域中，当前对象上所有调用或输入的 ActionScript 语言都会在该区域中显示。它是编辑脚本的主要区域。

3. 对象窗口

在对象窗口中，会显示当前 Flash 文档所有添加过脚本语言的元件，并且在脚本语言编辑区域中会显示添加的动作，如图 9-4 所示。

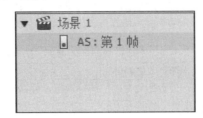

图 9-4　对象窗口

9.1.2　ActionScript 常用术语

在学习编写 ActionScript 之前，首先要了解一些 ActionScript 的常用术语，有关 ActionScript 中的常用术语名称和介绍说明如表 9-1 所示。

表 9-1　ActionScript 程序中常用术语

名　称	说　明
动作	它是在播放影片时指示影片执行某些任务的语句。例如，使用 gotoAndStop 动作可以将播放头放置到特定的帧或标签中
布尔值	它的值是 true 或 false
类	它是用于定义新类型对象的数据类型。要定义类，需要创建一个构造函数
常数	它是不变的元素。例如，常数 Key.TAB 的含义始终不变，它代表键盘上的 Tab 键。常数对于比较值是非常有用的
数据类型	它是值和可以对这些值执行的动作的集合，包括字符串、数字、布尔值、对象、影片剪辑、函数、空值和未定义等
事件	它是在影片播放时发生的动作。例如，加载影片、播放头进入帧、用户单击按钮或影片剪辑或用户通过键盘输入时可以产生不同的事件
事件处理函数	它是管理诸如 mouseDown 或 load 等事件的特殊动作，包括动作和方法这两类。但事件处理函数动作包括 on 和 onClipEvent，而每个具有事件处理函数方法的动作脚本对象都有一个名为"事件"的子类别
函数	它是可以向其传递参数并能够返回值的可重复使用的代码块。例如，可以向 getProperty 函数传递属性名和影片剪辑的实例名，然后它会返回属性值；使用 getVersion 函数可以得到当前正在播放影片的 Flash Player 版本号
标识符	它是用于表明变量、属性、对象、函数或方法的名称。它的第一个字符必须是字母、下划线 (_) 或美元记号 ($)。其后的字符必须是字母、数字、下划线或美元记号。例如，firstName 是变量的名称

(续表)

名　称	说　明
实例	它是属于某个类的对象。类的每个实例包含该类的所有属性和方法。所有影片剪辑都是具有 MovieClip 类的属性(如 _alpha 和 _visible)和方法(如 gotoAndPlay 和 getURL)的实例
实例名称	它是在脚本中用来代表影片剪辑和按钮实例的唯一名称。可以使用属性面板为舞台上的实例指定实例名称
关键字	它是有特殊含义的保留字。例如，var 是用于声明本地变量的关键字。但是，在 Flash 中，不能使用关键字作为标识符。例如，var 不是合法的变量名
对象	它是属性和方法的集合，每个对象都有自己的名称，并且都是特定类的实例。内置对象是在动作脚本语言中预先定义的。例如，内置对象 Date 可以提供系统时钟信息
运算符	它是通过一个或多个值计算新值的术语。运算符处理的值称为操作数
属性	它是定义一个对象的属性
变量	它是保存任何数据类型的值的标识符。可以创建、更改和更新变量，也可以获得它们存储的值以在脚本中使用

⑨.2 ActionScript 语言基础

ActionScript 动作脚本具有语法和标点规则通过这些规则可以确定能够用来创建含义的字符和单词，以及编写它们的顺序。在前文中已经介绍了有关 ActionScript 中的常用术语名称和说明，下面将详细介绍 ActionScript 语言的主要组成部分和作用。

⑨.2.1 基本语法

ActionScript 语法是 ActionScript 编程中最重要环节之一。ActionScript 的语法相对于其他的一些专业程序语言来说较为简单。ActionScript 动作脚本主要包括点语法和标点规则。

1. 点语法

在动作脚本中，点(.)通常用于指向一个对象的某一个属性或方法，或者标识影片剪辑、变量、函数或对象的目标路径。点语法表达式是以对象或影片剪辑的名称开始，后面跟一个点，最后以要指定的元素结束。

例如，MCjxd 实例的 play 方法可在 MCjxds 的时间轴中移动播放头，如下所示。

```
MCjxd.play();
```

2. 大括号

大括号({ })用于分割代码段，也就是把大括号中的代码分成独立的一块，用户可以把括号中的代码看作是一句表达式。

例如，如下代码中，_MC.stop();就是一段独立的代码。

```
On(release) {
  _MC.stop();
}
```

3. 小括号

在 AcrtionScript 中，小括号用于定义和调用函数。在定义函数和调用函数时，原函数的参数和传递给函数的各个参数值都用小括号括起来。如果括号里面是空，表示没有任何参数传递。

4. 分号

在 ActionScript 中，分号(;)通常用于结束一段语句。

5. 字母大小写

在 ActionScript 中，除了关键字以外，对于动作脚本的其余部分，是不严格区分大小写的。

💠 **提示**

在编写脚本语言时，对于函数和变量的名称，最好将其首字母大写，以便于在查阅动作脚本代码时更易于识别它们。由于动作脚本是不区分大小写的，因此在设置变量名时不可以使用与内置动作脚本对象相同的名称。

6. 注释

注释可以向脚本中添加说明，便于对程序理解。它常用于团队合作或向其他人员提供范例信息。

若要添加注释，可以执行下列操作之一。

- ◉ 注释某一行内容，在"动作"面板的脚本语言编辑区域中输入符号"//"，然后输入注释内容。
- ◉ 注释多行内容，在"动作"面板的专家模式下输入符号"/*"和"*/"符号，然后在两个符号之间输入注释内容。

 9.2.2 数据类型

数据类型用于描述变量或动作脚本元素可以存储的数据信息。在 Flash 中包括两种数据类型，即原始数据类型和引用数据类型。

知识点

原始数据类型包括字符串、数字和布尔值，它们共同的特点是都有一个常数值。因此可以包含它们所代表元素的实际值。引用数据类型是指影片剪辑和对象，值可能发生更改，因此它们包含对该元素实际值的引用。此外，在 Flash 中还包含有两种特殊的数据类型，即空值和未定义。

1. 字符串

字符串是由诸如字母、数字和标点符号等字符组成的序列。在 ActionScript 中，字符串必须在单引号或双引号之间输入，否则将被作为变量进行处理。例如，在下面的语句中，"JXD24"即为一个字符串。

```
favoriteBand = "JXD24";
```

可以使用加法(+)运算符连接或合并两个字符串。在连接或合并字符串时，字符串前面或后面的空格将作为该字符串的一部分被连接或合并。在如下代码中，在 Flash 执行程序时，自动将 Welcome 和 Beijing 两个字符串连接合并为一个字符串。

```
"Welcome, " + "Beijing";
```

 提示

虽然动作脚本在引用变量、实例名称和帧标签时是不区分大小写的，但文本字符串却要区分大小写。例如，"chiangxd"和"CHIANGXD"将被认为是两个不同的字符串。在字符串中包含引号，可以在其前面使用反斜杠字符(\)，这称为字符转义。

2. 数值型

数值类型是很常见的数据类型，它包含的都是数字。所有的数值类型都是双精度浮点型，可以用数学算术运算符来获得或者修改变量，如加(+)、减(-)、乘(*)、除(/)、递增(++)、递减(--)等对数值型数据进行处理；也可以使用 Flash 内置的数学函数库，这些函数放置在 Math 对象里。例如，使用 sqrt(平方根)函数，求出 90 的平方根，然后给 number 变量赋值。

```
number=Math.sqrt(90);
```

3. 布尔值

布尔值是 true 或 false 值。动作脚本会在需要时将 true 转换为 1，将 false 转换为 0。布尔值在控制脚本流的动作脚本语句中，经常与逻辑运算符一起使用。例如，在下面代码中，如果变量 i 值为 flase，转到第 1 帧开始播放影片。

```
if (i == flase) {
```

```
    gotoAndPlay(1);
    }
```

4. 对象

对象是属性的集合，每个属性都包含有名称和值这两部分。属性的值可以是 Flash 中的任何数据类型。可以将对象相互包含或进行嵌套。要指定对象和它们的属性，可以使用点(.)运算符。

例如，在下面的代码中，hoursWorked 是 weeklyStats 的属性，而 weeklyStats 又是 employee 的属性。

```
employee.weeklyStats.hoursWorked
```

5. 影片和剪辑

影片剪辑是对象类型中的一种，它是 Flash 影片中可以播放动画的元件，是唯一引用图形元素的数据类型。

影片剪辑数据类型允许用户使用 MovieClip 对象的方法对影片剪辑元件进行控制。用户可以通过点(.)运算符调用该方法。

6. 空值和未定义

空值数据类型只有一个值即 null，表示没有值，缺少数据。它可以在以下情况下使用。

- ◉ 表明变量还没有接收到值。
- ◉ 表明变量不再包含值。
- ◉ 作为函数的返回值，表明函数没有可以返回的值。
- ◉ 作为函数的一个参数，表明省略了一个参数。

⑨.2.3 变量

变量是动作脚本中可以变化的量，在动画播放过程中可以更改变量的值，还可以记录和保存用户的操作信息、记录影片播放时更改的值或评估某个条件是否成立等功能。

变量中可以存储诸如数值、字符串、布尔值、对象或影片剪辑等任何类型的数据；也可以存储典型的信息类型，如 URL、用户姓名、数学运算的结果、事件发生的次数或是否单击了某个按钮等。

1. 变量命名

对变量进行命名必须遵循以下规则。

- ◉ 必须是标识符，即必须以字母或者下划线开头。例如，JXD24、365games 等都是有效变量名。
- ◉ 不能和关键字或动作脚本同名，如 true、false、null 或 undefined 等。
- ◉ 在变量的范围内必须是唯一的。

2．变量赋值

在 Flash 中，当给一个变量赋值时，会同时确定该变量的数据类型。

在编写动作脚本过程中，Flash 会自动将一种类型的数据转换为另一种类型。示例代码如下。

```
"one minute is"+60+"seconds"
```

其中，60 属于数值型数据类型，左右两边用运算符号(+)连接的都是字符串数据类型。Flash会把 60 自动转换为字符，因为运算符号(+)在用于字符串变量时，左右两边的内容都是字符串类型。Flash 会自动转换，该脚本在实际执行的值为"one minute is 60 seconds"。

3．变量类型

在 Flash 中，主要有以下 4 种类型的变量。

- 逻辑变量：这种变量是用于判定指定的条件是否成立，即 true 和 false。True 表示条件成立，false 表示条件不成立。
- 数值型变量：用于存储一些特定的数值。
- 字符串变量：用于保存特定的文本内容。
- 对象型变量：存储对象类型数据。

4．变量声明

要声明时间轴变量，可以使用 set variable 动作或赋值运算符(=)。要声明本地变量，可在函数体内部使用 var 语句。本地变量的使用范围只限于包含该本地变量的代码块，它会随着代码块的结束而结束。没有在代码块中声明的本地变量会在它的脚本结束时结束。示例代码如下。

```
function myColor() {
    var i = 2;
}
```

声明全局变量，可在该变量名前面使用_global 标识符。

5．脚本中使用变量

在脚本中必须先声明变量，然后才能在表达式中使用。如果未声明变量，该变量的值为undefined，并且脚本将会出错。

示例代码如下。

```
getURL(WebSite);
WebSite = "http://www.xdchiang.com.cn";
```

在上述代码中，声明变量 WebSite 的语句必须最先出现，这样才能用其值替换 getURL 动作中的变量。

9.2.4 常量

常量在程序中是始终保持不变的量，它分为数值型、字符串型和逻辑型。

- 数值型常量：数值型常量由数值表示。例如，在"setProperty(yen,_alpha,100);"中，100 就是数值型常量。
- 字符串型常量：由若干字符构成的数值，它必须在常量两端引用标号。但并不是所有包含引用标号的内容都是字符串，因为 Flash 会根据上下文的内容来判断一个值是字符串还是数值。
- 逻辑型常量：又称为布尔型，表明条件成立与否。如果条件成立，在脚本语言中用 1 或 true 表示；如果条件不成立，则用 0 或 false 表示。

9.2.5 关键字

在 ActionScript 中保留了一些具有特殊用途的单词便于调用，这些单词称为关键字。ActionScript 中常用的关键字主要有以下几种：break、else、Instanceof、typeof、delete、case、for、New、in、var、continue、function、Return、void、this、default、if、Switch、while、with。

在编写脚本时，要注意不能再将它们作为变量、函数或实例名称使用。

9.2.6 函数

在 ActionScript 中，函数是一个动作脚本的代码块，可以在任何位置重复使用，减少代码量。从而提供工作效率，同时也可以减少手动输入代码时引起的错误。在 Flash 中可以直接调用已有的内置函数，也可以创建自定义函数，然后进行调用。

1. 内置函数

内置函数是一种语言在内部集成的函数，它已经完成了定义的过程。当需要传递参数调用时，可以直接使用。它可用于访问特定的信息和执行特定的任务。例如，获取播放影片的 Flash Player 版本号(getVersion())。

2. 自定义函数

可以把执行自定义功能一系列语句定义为一个函数。自定义的函数同样可以返回值、传递参数，也可以任意调用它。

 提示

函数跟变量一样，附加在定义它们的影片剪辑的时间轴上。必须使用目标路径才能调用它们。此外，也可以使用 _global 标识符声明一个全局函数，全局函数可以在所有时间轴中被调用，而且不必使用目标路径。这和变量很相似。

要定义全局函数，可以在函数名称前面加上标识符_global。示例代码如下。

```
_global.myFunction = function (x) {
    return (x*2)+3;
}
```

要定义时间轴函数，可以使用 function 动作，后接函数名、传递给该函数的参数，以及指示该函数功能的 ActionScript 语句。例如，以下语句定义了函数 areaOfCircle，其参数为 radius。

```
function areaOfCircle(radius) {
    return Math.PI * radius * radius;
}
```

3. 向函数传递参数

参数是指某些函数执行其代码时所需要的元素。例如，以下函数使用了参数 initials 和 finalScore。

```
function fillOutScorecard(initials, finalScore) {
    scorecard.display = initials;
    scorecard.score = finalScore;
}
```

当调用函数时，所需的参数必须传递给函数。函数会使用传递的值替换函数定义中的参数。例如，以上代码，scorecard 是影片剪辑的实例名称，display 和 score 是影片剪辑中可输入文本块。

4. 从函数返回值

使用 return 语句可以从函数中返回值。return 语句将停止函数运行并使用 return 语句的值替换它。

在函数中使用 return 语句时要遵循以下规则。

- 如果为函数指定除 void 之外的其他返回类型，则必须在函数中加入一条 return 语句。
- 如果指定返回类型为 void，则不应加入 return 语句。
- 如果不指定返回类型，则可以选择是否加入 return 语句。如果不加入该语句，将返回一个空字符串。

5. 调用自定义函数

使用目标路径从任意时间轴中调用任意时间轴内的函数。如果函数是使用_global 标识符声明的，则无须使用目标路径即可调用它。

要调用自定义函数，可以在目标路径中输入函数名称，有的自定义函数需要在括号内传递所有必需的参数。例如，在以下语句中，在主时间轴上调用影片剪辑 MathLib 中的函数 sqr()，其参数为 3，最后把结果存储在变量 temp 中。

```
var temp = _root.MathLib.sqr(3);
```

在调用自定义函数时，可以使用绝对路径或相对路径来调用。

⑨.2.7　运算符

ActionScript 中的表达式都是通过运算符连接变量和数值的。运算符是在进行动作脚本编程过程中经常会用到的元素，使用它可以连接、比较、修改已经定义的数值。ActionScript 中的运算符分为：数值运算符、赋值运算符、逻辑运算符、等于运算符等。

知识点

如果一个表达式中包含有相同优先级的运算符时，动作脚本将按照从左到右的顺序依次进行计算；当表达式中包含有较高优先级的运算符时，动作脚本将按照从左到右的顺序，先计算优先级高的运算符，然后再计算优先级较低的运算符；当表达式中包含括号时，则先对括号中的内容进行计算，然后按照优先顺序依次进行计算。

1. 数值运算符

数值运算符可以执行加、减、乘、除及其他算术运算。动作脚本数值运算符如表 9-2 所示。

表 9-2　数值运算符

运算符	执行的运算
+	加法
*	乘法
/	除法
%	求模(除后的余数)
−	减法
++	递增
−−	递减

2. 比较运算符

比较运算符用于比较表达式的值，然后返回一个布尔值(true 或 false)，这些运算符常用于循环语句和条件语句中。动作脚本中的比较运算符如表 9-3 所示。比较运算符通常用于循环语句和条件语句中。

表 9-3　比较运算符

运算符	执行的运算
<	小于
>	大于
<=	小于或等于
>=	大于或等于

3. 逻辑运算符

逻辑运算符是对布尔值(true 和 false)进行比较，然后返回另一个布尔值。动作脚本中的逻辑运算符如表 9-4 所示，该表按优先级递减的顺序列出了逻辑运算符。

表 9-4　逻辑运算符

运算符	执行的运算
&&	逻辑与
‖	逻辑或
!	逻辑非

4. 按位运算符

按位运算符会在内部对浮点数值进行处理，并转换为 32 位整型数值。在执行按位运算符时，动作脚本会分别评估 32 位整型数值中的每个二进制位，从而计算出新的值。动作脚本中按位运算符如表 9-5 所示。

表 9-5　按位运算符

运算符	执行的运算
&	按位与
		按位或
^	按位异或
~	按位非
<<	左移位
>>	右移位
>>>	右移位填零

5. 等于运算符

等于(==)运算符一般用于确定两个操作数的值或标识是否相等，动作脚本中的等于运算符如表 9-6 所示。它会返回一个布尔值(true 或 false)，若操作数为字符串、数值或布尔值将按照值进行比较；若操作数为对象或数组，按照引用进行比较。

表 9-6 等于运算符

运算符	执行的运算
= =	等于
= = =	全等
! =	不等于
! = =	不全等

6. 赋值运算符

赋值(=)运算符可以将数值赋给变量，或在一个表达式中同时给多个参数赋值。例如，在如下代码中，表达式 asde=5 中会将数值 5 赋给变量 asde；在表达式 a=b=c=d 中，将 a 的值分别赋予变量 b，c 和 d。

```
asde = 5;
a = b = c = d;
```

动作脚本中的赋值运算符如表 9-7 所示。

表 9-7 赋值运算符

运算符	执行的运算
=	赋值
+=	相加并赋值
– =	相减并赋值
*=	相乘并赋值
%=	求模并赋值
/=	相除并赋值
<<=	按位左移位并赋值
>>=	按位右移位并赋值
>>>=	右移位填零并赋值
^=	按位异或并赋值
|=	按位或并赋值
&=	按位与并赋值

7. 字符串运算符

加(+)运算符处理字符串时会产生特殊效果，它可以将两个字符串操作数连接起来，使其成为一个字符串。若加(+)运算符连接的操作数中只有一个是字符串，Flash 会将另一个操作数也转换为字符串，然后将它们连接为一个字符串。

计算机 基础与实训教材系列

8. 点运算符和数组访问运算符

使用点运算符(.)和数组访问运算符([ ])可以访问内置或自定义的动作脚本对象属性，包括影片剪辑的属性。点运算符的左侧是对象的名称，右侧是属性或变量的名称。示例代码如下。

```
mc.height = 24;
mc. = "ball";
```

需要注意的是，属性或变量名称不能是字符串或被评估为字符串的变量，必须是一个标识符。

⑨.3 添加代码

由于 Flash CC 2015 只支持 ActionScript 3.0 环境，不支持 ActionScript2.0 环境。按钮或影片剪辑不可以被直接添加代码，只能将代码输入在时间轴上，或者将代码输入在外部类文件中。

⑨.3.1 在帧上输入代码

在 Flash CC 中，可以在时间轴上的任何一帧中添加代码，包括主时间轴和影片剪辑的时间轴中的任何帧。输入时间轴的代码，将在播放头进入该帧时被执行。在时间轴上选中要添加代码的关键帧，选择【窗口】|【动作】命令，或者直接按下 F9 快捷键即可打开【动作】面板，在动作面板的【脚本编辑】窗口中输入代码，如图 9-5 所示。

图 9-5 打开【动作】面板并输入代码

【例 9-1】在帧上添加代码，创建动态显示音乐进度条的动画效果。

(1) 启动 Flash CC 2015，打开一个名为"音乐播放器"的文件。在【时间轴】面板上单击【新建图层】按钮，新建一个【音乐进度条】图层，如图 9-6 所示。

(2) 打开【库】面板，将【音乐进度条】影片剪辑元件拖动到合适的舞台位置上，如图 9-7 所示。

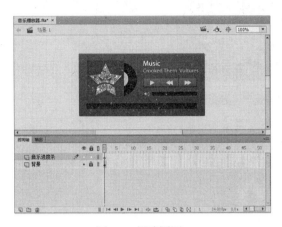

图 9-6　新建图层

图 9-7　拖动元件至舞台中

(3) 选中该元件实例，打开其【属性】面板，将其【实例名称】改为 bfjdt_mc，如图 9-8 所示。

(4) 新建图层，将其命名为【遮罩层】图层，如图 9-9 所示。

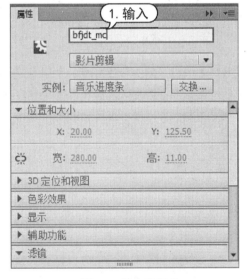

图 9-8　输入实例名

图 9-9　新建图层

(5) 选择【矩形工具】，将【笔触颜色】设置为无，【填充颜色】设置为白色，如图 9-10 所示。

(6) 在舞台中绘制一个白色矩形，将 bfjdt_mc 元件实例遮盖住，如图 9-11 所示。

图9-10 设置矩形

图9-11 绘制白色矩形

(7) 在【时间轴】面板上，右击【遮罩层】图层，在弹出的快捷菜单中选择【遮罩层】命令，形成遮罩层，如图9-12所示。

(8) 新建图层，将其命名为AS图层，如图9-13所示。

计算机基础与实训教材系列

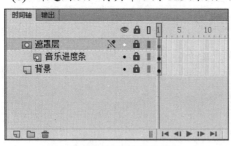

图9-12 形成遮罩层

图9-13 新建图层

(9) 选中【AS】图层的第1帧，按F9键打开【动作】面板，输入脚本代码，如图9-14所示。

(10) 将其另存为【动态显示进度条】文档，按Ctrl+Enter组合键测试影片，播放歌曲时显示进度条，如图9-15所示。

图9-14 输入代码

图9-15 测试影片

9.3.2　添加外部单独代码

需要组建较大的应用程序或者包括重要的代码时，就可以创建单独的外部 AS 类文件并在其中组织代码。

要创建外部 AS 文件，应首先选择【文件】|【新建】命令，打开【新建文档】对话框。在该对话框中选中【ActionScript 文件】选项，然后单击【确定】按钮即可，如图 9-16 所示。与【动作】面板相类似，可以在创建的 AS 文件的【脚本】窗口中书写代码，完成后将其保存即可，如图 9-17 所示。

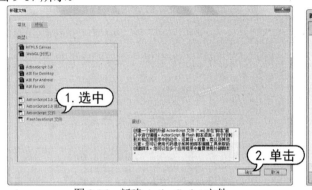

图 9-16　新建 ActionScript 文件　　　　　　图 9-17　【脚本】窗口

9.3.3　代码编写流程

在开始编写 ActionScript 之前，首先要明确动画所要达到的目的，然后根据动画设计的目的，决定使用哪些动作。在设计动作脚本时，始终要把握好动作脚本的时机和动作脚本的位置。

1. 脚本程序的时机

脚本程序的时机就是指某个脚本程序在何时执行。Flash 中主要的脚本程序时机如下。

- 图层中的某个关键帧(包括空白关键帧)处。当动画播放到该关键帧的时候，执行该帧的脚本程序。
- 对象(如按钮、图形以及影片剪辑等)上的时机。例如，按钮对象在按下的时候，执行该按钮上对应的脚本程序，对象上的时机也可以通过【行为】面板来设置。
- 自定义时机。主要指设计者通过脚本程序来控制其他脚本程序执行的时间。例如，用户设计一个计时函数和播放某影片剪辑的程序，当计时函数计时到达时刻时，就自动执行播放某影片剪辑的程序。

2. 脚本程序的位置

脚本程序的位置是指脚本程序代码放到何处。设计者要根据具体动画的需要，选择恰当的位置放置脚本程序。Flash 中主要放置脚本程序的位置如下。

计算机 基础与实训教材系列

- 图层中的某个关键帧上。即打开该帧对应的【动作】面板时，脚本程序即放置面板的代码中。
- 场景中的某个对象。即脚本程序放置在对象对应的【动作】面板中。
- 外部文件。在 Flash 中，动作脚本程序可以作为外部文件存储(文件后缀为.as)，这样的脚本代码便于统一管理，而且可以提高动作脚本代码重复利用性。如果需要外部的代码文件，可以直接将 AS 文件导入到文件中即可。

⑨.4 ActionScript 常用语句

ActionScript 语句就是动作或者命令，动作可以相互独立地运行，也可以在一个动作内使用另一个动作，从而达到嵌套效果，使动作之间可以相互影响。条件判断语句及循环控制语句是制作 Flash 动画时较常用到的两种语句。

⑨.4.1 条件判断语句

条件语句用于决定在特定情况下才执行命令，或者针对不同的条件执行具体操作。在制作交互性动画时，使用条件语句，只有当符合设置的条件时，才会执行相应的动画操作。在 Flash CC 2015 中，条件语句主要有 if…else 语句、if…else…if 和 switch…case 这 3 种句型。

1. if…else 语句

if…else 条件语句用于测试一个条件，如果条件存在，则执行一个代码块，否则执行替代代码块。例如，下面的代码测试 x 的值是否超过 100，如果是，则生成一个 trace()函数，否则生成另一个 trace()函数。

```
if (x > 100)
{
trace("x is > 100");
}
else
{
 trace("x is <= 100");
}
```

2. if…else…if 语句

可以使用 if…else…if 条件语句来测试多个条件。例如，下面的代码不仅测试 x 的值是否超过 100，而且还测试 x 的值是否为负数。

```
if (x > 100)
{
trace("x is >100");
}
else if (x < 0)
{
trace("x is negative");
}
```

如果 if 或 else 语句后面只有一条语句，则无须用大括号括起后面的语句。但是在实际代码编写过程中，用户最好始终使用大括号。因为以后在缺少大括号的条件语句中添加语句时，可能会出现误操作。

3. switch…case 语句

如果多个执行路径依赖于同一个条件表达式，则 switch 语句非常有用。它的功能大致相当于一系列 if…else…if 语句，但是它更便于阅读。switch 语句不是对条件进行测试以获得布尔值，而是对表达式进行求值并使用计算结果来确定要执行的代码块。代码块以 case 语句开头，以 break 语句结尾。

【例 9-2】新建一个文档，通过 switch…case 语句在【输出】面板中返回当前时间。

(1) 启动 Flash CC 2015，新建一个文档，右击第 1 帧，在弹出的快捷菜单中选择【动作】命令，如图 9-18 所示。

(2) 打开【动作】面板，输入代码，如图 9-19 所示。

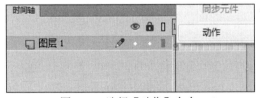

图 9-18 选择【动作】命令

图 9-19 输入代码

(3) 关闭【动作】面板，按下 Ctrl+Enter 组合键进行测试，将自动打开【输出】面板显示当前时间(星期几)，如图 9-20 所示。

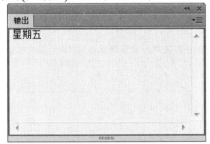

图 9-20 【输出】面板

提示

在上面的代码几乎每一个 case 语句中都有 break 语句。它能使流程跳出分支结构，继续执行 switch 结构下面的一条语句。

⑨.4.2 循环控制语句

循环类动作主要控制一个动作重复的次数，或是在特定的条件成立时重复动作。在 Flash CC 中可以使用 while、do…while、for、for…in 和 for each…in 动作创建循环。

1. for 语句

for 循环用于循环访问某个变量以获得特定范围的值。在 for 语句中必须提供以下 3 个表达式。

- 一个设置了初始值的变量。
- 一个用于确定循环何时结束的条件语句。
- 一个在每次循环中都更改变量值的表达式。

例如，下面的代码循环 5 次。变量 i 的值从 0 开始到 4 结束，输出结果是从 0 到 4 的 5 个数字，每个数字各占 1 行。

```
    var i:int;
for (i = 0; i < 5; i++)
{
    trace(i);
```

2. for…in 语句

for…in 循环用于循环访问对象属性或数组元素。例如，可以使用 for…in 循环来循环访问通用对象的属性。

```
    var myObj:Object = {x:20, y:30};
for (var i:String in myObj)
{
trace(i + ": " + myObj[i]);
}
// 输出：
// x: 20
    // y: 30
```

 提示

使用 for…in 循环来循环访问通用对象的属性时，是不按任何特定的顺序来保存对象的属性的，因此属性可能以随机的顺序出现。

3. for each…in 语句

for each…in 循环用于循环访问集合中的项目，它可以是 XML 或 XMLList 对象中的标签、对象属性保存的值或数组元素。例如，如下面所摘录的代码所示，可以使用 for each…in 循环来循环访问通用对象的属性；但是与 for…in 循环不同的是，for each…in 循环中的迭代变量包含属性所保存的值，而不包含属性的名称。

```
var myObj:Object = {x:20, y:30};
for each (var num in myObj)
{
trace(num);
}
// 输出：
// 20
// 30
```

4. while 语句

while 循环与 if 语句相似，只要条件为 true，就会反复执行。例如，下面的代码与 for 循环示例生成的输出结果相同。

```
var i:int = 0;
while (i < 5)
{
trace(i);
i++;
}
```

提示

使用 while 循环的一个缺点是，编写的 while 循环中更容易出现无限循环。如果省略了用来递增计数器变量的表达式，则 for 循环示例代码将无法编译，而 while 循环示例代码仍然能够编译。

5. do…while 语句

do…while 循环是一种特殊的 while 循环，它保证至少执行一次代码块，这是因为在执行代码块后才会检查条件。下面的代码显示了 do…while()循环的一个简单示例，即使条件不满足，该示例也会生成输出结果。

```
var i:int = 5;
do
{
trace(i);
i++;
} while (i < 5);
// 输出：5
```

⑨.5 处理对象

Flash 中访问的每一个目标都可以称之为"对象"，如舞台中的元件实例。每个对象都可能包含 3 个特征，分别是属性、方法和事件，而且用户还可以进行创建对象实例的操作。

⑨.5.1 属性

属性是对象的基本特性，如影片剪辑元件的位置、大小、透明度等。它表示某个对象中绑定在一起的若干数据块的一个。示例代码如下。

```
myExp.x=100
//将名为 myExp 的影片剪辑元件移动到 x 坐标为 100 像素的地方
myExp.rotation=Scp.rotation;
//使用 rotation 属性旋转名为 myExp 的影片剪辑元件以便与 Scp 影片剪辑元件的旋转相匹配
myExp.scaleY=5
//更改 Exp 影片剪辑元件的水平缩放比例，使其宽度为原始宽度的 5 倍
```

通过以上语句可以发现，要访问对象的属性，可以使用"对象名称(变量名)+句点+属性名"的形式书写代码。

⑨.5.2 方法

方法是指可以由对象执行的操作。如果在 Flash 中使用时间轴上的几个关键帧和基本动画制作了一个影片剪辑元件，则可以播放或停止该影片剪辑，或者指示它将播放头移动到特定的帧。示例代码如下。

```
myClip.play();
//指示名为 myClip 的影片剪辑元件开始播放
myClip.stop();
//指示名为 myClip 的影片剪辑元件停止播放
myClip.gotoAndstop(15);
//指示名为 myClip 的影片剪辑元件将其播放头移动到第 15 帧，然后停止播放
myClip.gotoAndPlay(5);
//指示名为 myClip 的影片剪辑元件跳到第 5 帧开始播放
```

通过以上的语句可以总结出两个规则：以"对象名称(变量名)+句点+方法名"可以访问方法，这与属性类似；小括号中指示对象执行的动作，可以将值或者变量放在小括号中，这些值被成为方法的"参数"。

9.5.3　事件

事件用于确定执行哪些指令以及何时执行的机制。事实上，事件就是指所发生的、ActionScript 能够识别并可响应的事情。许多事件与用户交互动作有关。例如，用户单击按钮或按下键盘上的键等操作。

无论编写怎样的事件处理代码，都会包括事件源、事件和响应这 3 个元素，它们的含义如下。

- 事件源：是指发生事件的对象，也被称为"事件目标"。
- 响应：是指当事件发生时执行的操作。
- 事件：指将要发生的事情，有时一个对象可以触发多个事件。

在编写事件代码时，应遵循以下基本结构。

```
function eventResponse(eventObject:EventType):void
    {
    // 此处是为响应事件而执行的动作。
    }
eventSource.addEventListener(EventType.EVENT_NAME, eventResponse);
```

此代码执行两个操作。首先，定义一个函数 eventResponse，这是指定为响应事件而要执行的动作的方法；接下来，调用源对象的 addEventListener() 方法，实际上就是为指定事件"订阅"该函数，以便当该事件发生时，执行该函数的动作。而 eventObject 是函数的参数，EventType 则是该参数的类型。

9.5.4　创建对象实例

在 ActionScript 中使用对象之前，必须确保该对象的存在。创建对象的一个步骤就是声明变量，前面已经学会了其操作方法。但仅声明变量，只表示在电脑内创建了一个空位置，因此需要为变量赋予一个实际的值，这样的整个过程就成为对象的"实例化"。除了在 ActionScript 中声明变量时赋值之外，其实用户也可以在【属性】面板中为对象指定对象实例名。

除了 Number、String、Boolean、XML、Array、RegExp、Object 和 Function 数据类型以外，要创建一个对象实例，都应将 new 运算符与类名一起使用。示例代码如下。

```
Var myday:Date=new Date(2008,7,20);
//以该方法创建实例时，在类名后加上小括号，有时还可以指定参数值
```

下面用一个具体实例介绍为对象实例。

【例 9-3】新建一个 AS 文档，在外部 AS 文件和文档中添加代码，创建下雪效果。

(1) 启动 Flash CC 2015，新建一个文档。选择【修改】|【文档】命令，打开【文档设置】对话框，设置文档背景颜色为黑色，文档大小为 600×400 像素，如图 9-21 所示。

(2) 选择【插入】|【新建元件】命令，打开【创建新元件】对话框。创建一个名为 snow 的影片剪辑元件，如图 9-22 所示。

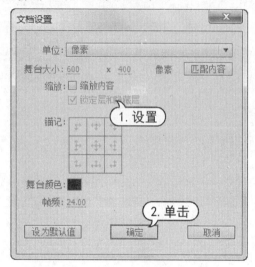

图 9-21　设置文档属性

图 9-22　【创建新元件】对话框

(3) 在 snow 元件编辑模式里，选择【椭圆工具】。按住 Shift 键，绘制一个正圆图形。删除正圆图形笔触，选择【颜料桶】工具。设置填充色为放射性渐变色，填充图形，并调整其大小，如图 9-23 所示。

(4) 返回【场景 1】窗口，选择【文件】|【新建】命令，打开【新建文档】对话框。选择【ActionScript 文件】选项，然后单击【确定】按钮，如图 9-24 所示。

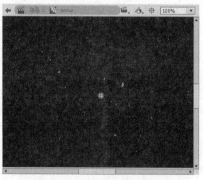

图 9-23　绘制圆形

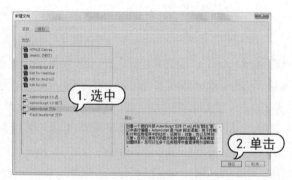

图 9-24　新建 ActionScript 文件

(5) 这时系统会自动打开一个【脚本】动作面板，在代码编辑区域输入代码，如图 9-25 所示。

(6) 选择【文件】|【另存为】命令，保存 ActionScript 文件名称为 SnowFlake，将文件保存到"下雪"文件夹中，如图 9-26 所示。

图 9-25　输入代码

图 9-26　保存文档

(7) 返回场景，右击【图层 1】图层第 1 帧。在弹出的快捷菜单中选择【动作】命令，打开【动作】面板，输入代码，如图 9-27 所示。

(8) 新建【图层 2】图层，将图层移至【图层 1】图层下方，导入"背景"位图到舞台中。调整图像合适大小，如图 9-28 所示。

图 9-27　输入代码

图 9-28　导入背景图

(9) 选择【文件】|【保存】命令，打开【另存为】对话框。保存文件名称为 snow，将文件与 SnowFlake.as 文件保存在同一个文件夹"下雪"中，如图 9-29 所示。

(10) 按 Ctrl+Enter 组合键，测试下雪的动画效果，如图 9-30 所示。

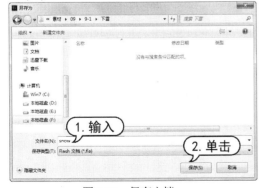

图 9-29　保存文档

图 9-30　测试动画效果

⑨.6 类和数组

类是 ActionScript 中的基础，ActionScript 3.0 中的类有许多种。使用数组可以把相关的数据聚集在一起，对其进行组织和处理。

⑨.6.1 使用类

类是对象的抽象表现形式，用来储存有关对象可保存的数据类型及对象可表现的行为的信息。使用类可以更好地控制对象的创建方式以及对象之间的交互方式。一个类包括类名和类体，类体又包括类的属性和类的方法。

1. 定义类

在 ActionScript 3.0 中，可以使用 class 关键字定义类，其后跟类名，类体要放在大括号 "{}"内，且放在类名后面。示例代码如下。

```
public class className {

//类体

}
```

2. 类的属性

在 ActionScript 3.0 中，可以使用以下 4 个属性来修改类定义。

- ◉ dynamic：用来运行时向实例添加属性。
- ◉ final：不得由其他类扩展。
- ◉ internal：对当前包内的引用可见。
- ◉ 公共：对所有位置的引用可见。

例如，如果定义类时未包含 dynamic 属性，则不能在运行时向类实例中添加属性，通过向类定义的开始处放置属性，可显式地分配属性。

```
dynamic class Shape {}
```

3. 类体

类体放在大括号内，用于定义类的变量、常量和方法。例如，声明 Adobe Flash Play API 中的 Accessibility 类。

```
public final class
Accessibility{
Public static function get
```

计算机 基础与实训教材系列

```
active ():Boolean;
public static function
updateproperties():void;
}
```

ActionScript 3.0 不仅允许在类体中包括定义，还允许包括语句。如果语句在类体中，但在方法定义之外，这些语句只在第一次遇到类定义并且创建了相关的类对象时执行一次。

⑨.6.2　使用数组

在 ActionScript 3.0 中，使用数组可以把相关的数据聚集在一起，对其进行组织处理。数组可以存储多种类型的数据，并为每个数据提供一个唯一的索引标识。

1. 创建数组

在 ActionScript 3.0 中，可以使用 Array 类构造函数或使用数组文本初始化数组来创建数组。例如，通过调用不带参数的构造函数可以得到一个空数组，示例代码如下。

```
var myArray:Array = new
Array ();
```

2. 遍历数组

如果要访问存储在数组中的所有元素，可以使用 for 语句循环遍历数组。

在 for 语句中，大括号内使用循环索引变量以访问数组的相应元素；循环索引变量的范围应该是 0~数组长度减 1。示例代码如下。

```
var myArray:Array = new
Array (···values);
For(var i:int = 0; I < myArray.
Length;I ++) {
Trace(myArray[i]);
}
```

其中，i 索引变量从 0 开始递增，当等于数组的长度时停止循环，即 i 赋值为数组最后一个元素的索引时停止。然后在 for 语句的循环数组，通过 myArray[i] 的形式访问每一个元素。

3. 操作数组

用户可以对创建好的数组进行操作，如添加元素和删除元素等。主要操作如下。

- ⊙ 使用 Array 类的 unshift()、push()、splice() 方法可以将元素添加到数组中。使用 Array 类的 shift()、pop()、splice() 方法可以从数组中删除元素。

● 使用 unshift()方法将一个或多个元素添加到数组的开头，并返回数组的新长度。此时，数组中的其他元素从其原始位置向后移动一位。

● 使用 push()方法可以将一个或多个元素追加到数组的末尾，并返回该数组的新长度。

● 使用 splice()方法可以在数组中的指定索引处插入任意数量的元素，该方法修改数组但不制作副本。splice()方法还可以删除数组中任意数量的元素，其执行的起始位置是由传递到该方法的第一个参数指定的。

● 使用 shift()方法可以删除数组的第一个元素，并返回该元素。其余的元素将从其原始位置向前移动一个索引位置，即为始终删除索引 0 处的元素。

● 使用 pop()方法可以删除数组中最后一个元素，并返回该元素的值，即为删除位于最大索引处的元素。

9.7 上机练习

本章的上机练习主要是制作按钮切换图片，从而使用户更好地掌握 Flash CC 2015 的输入代码等内容。

(1) 启动 Flash CC 2015，打开一个素材文档，如图 9-31 所示。

(2) 打开【库】面板，将 r1.jpg 图片文件拖动到舞台中，并使图片对齐舞台，如图 9-32 所示。

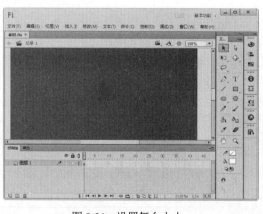

图 9-31　设置舞台大小

图 9-32　拖动图片到舞台中

(3) 在第 2 帧处插入空白关键帧。在【库】面板中将 r2.jpg 图片文件拖动到舞台中，并使图片对齐舞台，如图 9-33 所示。

(4) 使用相同方法，在第 3、4 帧插入空白关键帧，拖动 r3、r4 图片到舞台中，并对齐舞台，如图 9-34 所示。

图 9-33 拖动图片到舞台中

图 9-34 拖动图片到舞台中

（5）新建【图层 2】，选择【矩形工具】，打开其【属性】面板。设置【笔触颜色】为白色，【填充颜色】为无，【笔触】为 10，【接合】为【尖角】，效果如图 9-35 所示。

（6）在舞台上绘制与舞台大小相仿的矩形，如图 9-36 所示。

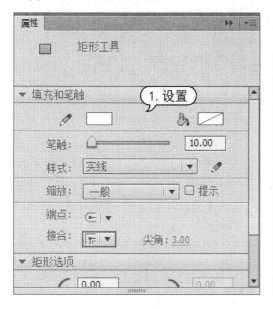

图 9-35 设置矩形

图 9-36 绘制矩形

（7）新建【图层 3】，按 Ctrl+F8 组合键打开【创建新元件】对话框。设置【名称】为【按钮 1】，【类型】为【按钮】，单击【确定】按钮，如图 9-37 所示。

（8）打开【库】面板，将 02 元件拖动到舞台中，并对齐舞台中心，如图 9-38 所示。

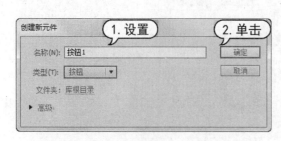

图 9-37　新建按钮元件

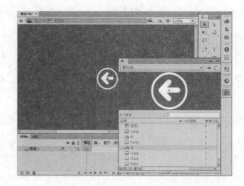

图 9-38　拖动元件到舞台中

（9）选择该元件实例，打开【属性】面板。选择【色彩效果】选项卡，在【样式】下拉列表中选择 Alpha 选项。拖动下面的滑块，设置 Alpha 值为 30%，设置好的元件效果如图 9-39 所示。

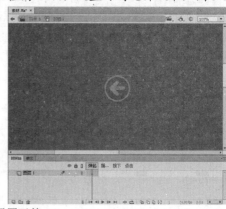

图 9-39　设置元件

（10）在【图层 1】的【指针经过】帧处插入关键帧。在舞台上选中元件，打开【属性】面板。设置【样式】为无，如图 9-40 所示。

（11）返回场景，使用相同方法，新建【按钮 2】。将【库】面板的 01 元件拖动到舞台中，在不同帧处设置属性，如图 9-41 所示。

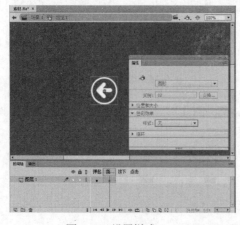

图 9-40　设置样式

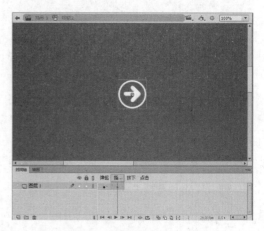

图 9-41　新建按钮元件

(12) 返回场景，将【库】面板中的 2 个按钮元件拖动到舞台中，并调整其位置和大小，如图 9-42 所示。

(13) 选中舞台左侧的按钮元件，打开【属性】面板。在【实例名称】中输入 btn1，如图 9-43 所示。

图 9-42　拖动元件到舞台中

图 9-43　输入实例名

(14) 选中舞台右侧的按钮元件，打开【属性】面板。在【实例名称】中输入 btn，如图 9-44 所示。

(15) 新建【图层 4】，选中第 1 帧，按 F9 键，打开【动作】面板。输入代码，如图 9-45 所示。

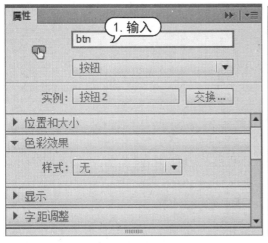

图 9-44　输入实例名

图 9-45　输入代码

(16) 选择【文件】|【另存为】命令，打开【另存为】对话框。将其另存为【按钮切换图片】文件，如图 9-46 所示。

(17) 按 Ctrl+Enter 组合键，测试单击按钮切换图片的动画效果，如图 9-47 所示。

图 9-46　另存文档

图 9-47　测试动画效果

⑨.8　习题

1. ActionScript 3.0 中点语法主要有什么作用？分号的作用是什么？

2. 简单叙述方法与属性的不同之处。

3. ActionScript 有哪些常用语句？

4. ActionScript 有哪些常用运算符？

5. 使用 ActionScript 语言，制作切换图片效果的动画。

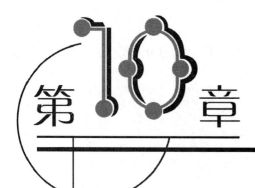

第10章

使用 Flash 组件

学习目标

组件是一种带有参数的影片剪辑，它可以帮助用户在不编写 ActionScript 的情况下，方便而快速地在 Flash 文档中添加所需的界面元素，如单选按钮或复选框等控件。本章主要介绍在 Flash CC 2015 中使用各种组件的基本方法。

本章重点

- ⦿ 组件的类型
- ⦿ 组件的基本操作
- ⦿ 常用的 UI 组件
- ⦿ 使用视频组件

⑩.1 组件的基础知识

组件是带有参数的影片剪辑，每个组件都有一组独特的动作脚本方法，用户可以使用组件在 Flash 中快速构建应用程序。组件的范围不仅仅限于软件提供的自带组件，还可以下载其他开发人员创建的组件，甚至自定义组件。

⑩.1.1 组件的类型

Flash 中的组件都显示在【组件】面板中，选择【窗口】｜【组件】命令，打开【组件】面板。在该面板中可查看和调用系统中的组件。Flash CC 2015 中包括 UI(User Interface)组件和 Video 组件这两类。

UI组件主要用来构建界面，实现简单的用户交互功能。打开【组件】面板后，单击 User Interface

下拉按钮，即可弹出所有 UI 组件，如图 10-1 所示。

Video 组件主要用来插入多媒体视频，以及多媒体控制的控件。打开【组件】面板后，单击 Video 下拉按钮，即可弹出所有 Video 组件，如图 10-2 所示。

图 10-1 UI 组件

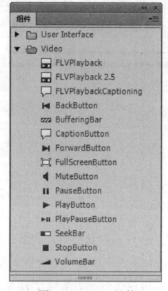

图 10-2 Video 组件

⑩.1.2 组件的操作

在 Flash CC 2015 中，组件的基本操作主要包括添加和删除组件、调整组件外观等。

1. 添加和删除组件

要添加组件，用户可以直接双击【组件】面板中要添加的组件，将其添加到舞台中央。也可以将其选中后拖动到舞台中，如图 10-3 所示。如果需要在舞台中创建多个相同的组件实例，还可以将组件拖动到【库】面板中以便于反复使用，如图 10-4 所示。

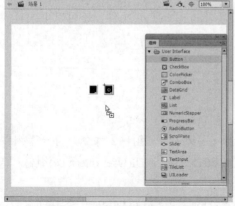

图 10-3 将组件拖动到舞台中

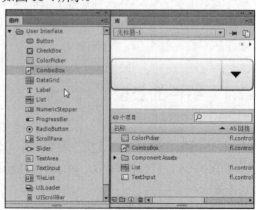

图 10-4 将组件拖动到库中

如果要在 Flash 影片中删除已经添加的组件实例，可以直接选中舞台上的实例，按下 BackSpace 键或者 Delete 键将其删除；如果要从【库】面板中将组件彻底删除，可以在【库】面板中选中要删除的组件，然后单击【库】面板底部的【删除】按钮，或者直接将其拖动到【删除】按钮上。

2．调整组件外观

拖动到舞台中的组件被系统默认为组件实例，并且都是默认大小的。用户可以通过【属性】面板中的设置来调整组件大小，如图 10-5 所示。

用户可以使用【任意变形】工具调整组件的宽和高属性来调整组件大小。该组件内容的布局保持不变，但该操作会导致组件在影片回放时发生扭曲现象，如图 10-6 所示。

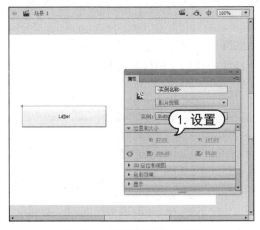

图 10-5　使用【属性】面板

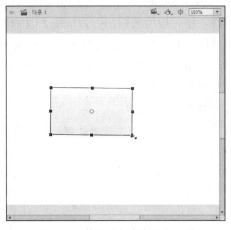

图 10-6　使用【任意变形】工具

由于拖动到舞台中的组件系统默认为组件实例，关于实例的其他设置，同样可以应用于组件实例当中，如调整色调、透明度等。如图 10-7 所示为调整色调后的组件。滤镜功能也可以使用在组件上，如图 10-8 所示为添加了渐变发光滤镜的组件。

图 10-7　调整色调

图 10-8　添加滤镜

10.2 常用 UI 组件

在 Flash CC 2015 的组件类型中，UI(User Interface)组件用于设置用户界面，并实现大部分的交互式操作。因此在制作交互式动画方面，UI 组件应用最广，也是最常用的组件类别之一。下面分别对几个较为常用的 UI 组件进行介绍。

10.2.1 使用按钮组件

按钮组件 Button 是一个可使用自定义图标来定义其大小的按钮，它可以执行鼠标和键盘的交互事件，也可以将按钮的行为从按下改为切换。

在【组件】面板中选择按钮组件 Button，拖动到舞台中即可创建一个按钮组件的实例，如图 10-9 所示。选中按钮组件实例后，在其【属性】面板中会显示【组件参数】选项卡，用户可以在此修改其参数，如图 10-10 所示。

图 10-9　创建按钮组件

图 10-10　【组件参数】选项卡

在按钮组件的【组件参数】选项卡中有很多复选框。只要选中复选框即可代表该项的值为 true，取消选中则为 false，该面板中主要参数设置如下。

- enabled：指示组件是否可以接受焦点和输入，默认值为选中。
- label：设置按钮上的标签名称，默认值为 label。
- labelPlacement：确定按钮上的标签文本相对于图标的方向。
- selected：如果 toggle 参数的值为 true，则该参数指定按钮处于按下状态 true，或者是释放状态 false。
- toggle：将按钮转变为切换开关。如果值是 true，按钮在单击后将保持按下状态，再次单击时则返回弹起状态。如果值是 false，则按钮行为与一般按钮相同。
- visible：指示对象是否可见，默认值为 true。

【例 10-1】使用按钮组件 Button 创建一个可交互的应用程序。

(1) 启动 Flash CC 2015，选择【文件】|【新建】命令，新建一个 Flash 文档。

(2) 选择【窗口】|【组件】命令，打开【组件】面板，将按钮组件 Button 拖动到舞台中创建一个实例，如图 10-11 所示。

(3) 在该实例的【属性】面板中，输入实例名称为 aButton。然后打开【组件参数】选项组，为 label 参数输入文字"开始"，如图 10-12 所示。

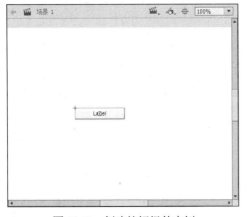

图 10-11 创建按钮组件实例

图 10-12 输入名称

(4) 从【组件】面板中拖动拾色器组件 ColorPicker 到舞台中，然后在其【属性】面板上将该实例命名为 aCp，如图 10-13 所示。

(5) 在时间轴上选中第 1 帧，然后打开【动作】面板输入代码，如图 10-14 所示。

图 10-13 输入名称

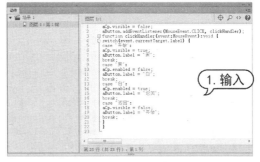

图 10-14 输入代码

(6) 按下 Ctrl+Enter 组合键，预览影片效果。单击【开始】按钮，将会出现【黑】按钮，还会出现"黑色"拾色器。再次单击【黑】按钮，出现【白】按钮，还会出现"白色"拾色器。再次单击【白】按钮，出现【返回】按钮。再次单击【返回】按钮，将会返回到【开始】按钮，如图 10-15 所示。

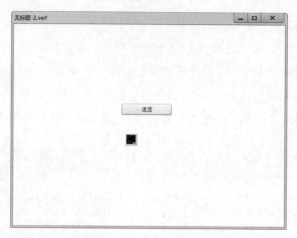

图 10-15　测试动画效果

⑩.2.2　使用复选框组件

复选框是一个可以选中或取消选中的方框，它是表单或应用程序中常用的控件之一。当需要收集一组非互相排斥的选项时都可以使用复选框。

在【组件】面板中选择复选框组件 CheckBox，将其拖动到舞台中即可创建一个复选框组件的实例，如图 10-16 所示。选中复选框组件实例后，在其【属性】面板中会显示【组件参数】选项卡，用户可以在此修改其参数，如图 10-17 所示。

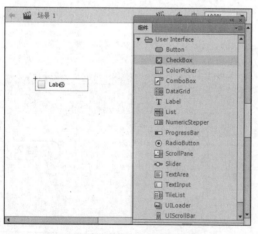

图 10-16　创建复选框组件实例

图 10-17　【组件参数】选项卡

在该选项卡中，各选项的具体作用如下。

- enabled：指示组件是否可以接受焦点和输入，默认值为 true。
- label：设置复选框的名称，默认值为 label。
- labelPlacement：设置名称相对于复选框的位置，默认情况下位于复选框的右侧。
- selected：设置复选框的初始值为 true 或者 false。

⊙　visible：指示对象是否可见，默认值为 true。

【例 10-2】使用按钮组件 CheckBox 创建一个可交互的应用程序。

(1) 启动 Flash CC，选择【文件】|【新建】命令，新建一个 Flash 文档。

(2) 选择【窗口】|【组件】命令，打开【组件】面板。将按钮组件 CheckBox 拖动到舞台中创建一个实例，如图 10-18 所示。

(3) 在该实例的【属性】面板中，输入实例名称为 homeCh，然后打开【组件参数】选项卡，为 label 参数输入文字"复选框"，如图 10-19 所示。

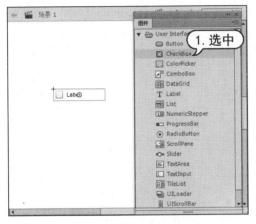

图 10-18　创建复选框组件实例

图 10-19　输入名称

(4) 从【组件】面板中拖动两个单选按钮组件 RadioButton 至舞台中，并将它们置于复选框组件的下方，如图 10-20 所示。

(5) 选中舞台中的第 1 个单选按钮组件，打开【参数】面板。输入实例名称"单选按钮 1"，然后在 label 参数文本框中输入文字"男"，设置 groupName 参数为 valueGrp，如图 10-21 所示。

图 10-20　创建单选按钮组件实例

图 10-21　设置组件参数

(6) 选中舞台中的第 2 个单选按钮组件，打开【参数】面板，输入实例名称"单选按钮 2"。然后设置 label 参数为"女"，设置 groupName 参数为 valueGrp，如图 10-22 所示。

计算机　基础与实训教材系列

(7) 在时间轴上选中第 1 帧，然后打开【动作】面板输入代码，如图 10-23 所示。

图 10-22　设置组件参数　　　　　　　　　　　　图 10-23　输入代码

(8) 按下 Ctrl+Enter 组合键测试影片效果。只有选中复选框后，单选按钮才处于可选状态，如图 10-24 所示。

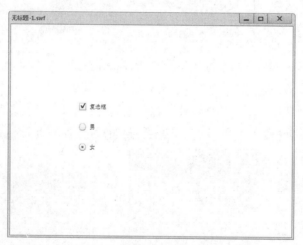

图 10-24　测试影片效果

10.2.3　使用单选按钮组件

单选按钮组件 RadioButton 允许在互相排斥的选项之间进行选择，可以利用该组件创建多个不同的组，从而创建一系列的选择组。

在【组件】面板中选择下拉列表组件 RadioButton，将其拖动到舞台中即可创建一个单选按钮组件的实例，如图 10-25 所示。选中单选按钮组件实例后，在其【属性】面板中会显示【组件参数】选项卡，用户可以在此修改其参数，如图 10-26 所示。

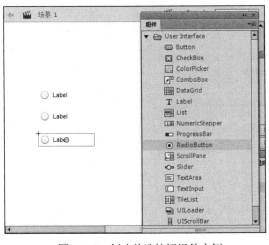

图 10-25　创建单选按钮组件实例

图 10-26　设置组件参数

在该选项卡中，各选项的具体作用如下。

- groupName：可以指定当前单选按钮所属的单选按钮组。该参数相同的单选按钮为一组，且在一个单选按钮组中只能选择一个单选按钮。
- label：用于设置 RadioButton 的文本内容，其默认值为 label。
- labelPlacement：可以确定单选按钮旁边标签文本的方向，默认值为 right。
- selected：用于确定单选按钮的初始状态是否被选中，默认值为 false。

10.2.4　使用下拉列表组件

下拉列表组件 ComboBox 由 3 个子组件构成：BaseButton、TextInput 和 List 组件。它允许用户从打开的下拉列表框中选择一个选项。

> **提示**
>
> 下拉列表框组件 ComboBox 可以是静态的，也可以是可编辑的，可编辑的下拉列表组件允许在列表顶端的文本框中中直接输入文本。

在【组件】面板中选择下拉列表组件 ComboBox，将它拖动到舞台中后即可创建一个下拉列表框组件的实例，如图 10-27 所示。选中下拉列表组件实例后，在其【属性】面板中会显示【组件参数】选项卡，用户可以在此修改其参数，如图 10-28 所示。

图 10-27　创建下拉列表组件实例

图 10-28　设置组件参数

在该选项卡中，各选项的具体作用如下。

- editable：确定 ComboBox 组件是否允许被编辑，默认值为 false，不可编辑。
- enabled：指示组件是否可以接收焦点和输入。
- rowCount：设置下拉列表中最多可以显示的项数，默认值为 5。
- restrict：可在组合框的文本字段中输入字符集。
- visible：指示对象是否可见，默认值为 true。

【例 10-3】使用下拉列表组件 ComboBox 创建一个应用程序。

(1) 启动 Flash CS6，选择【文件】|【新建】命令，新建一个 Flash 文档。

(2) 选择【窗口】|【组件】命令，打开【组件】面板，将下拉列表组件 ComboBox 拖动到舞台中创建一个实例，如图 10-29 所示。

(3) 在该实例的【属性】面板中，输入实例名称为 aCb。然后打开【组件参数】选项卡，选中 editable 复选框，如图 10-30 所示。

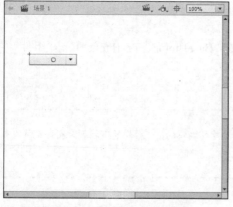

图 10-29　创建下拉列表组件实例

图 10-30　设置组件参数

(4) 在时间轴上选中第 1 帧，然后打开【动作】面板，输入代码，如图 10-31 所示。

(5) 按下 Ctrl+Enter 组合键预览应用程序，用户可在下拉列表中选择相应选项，也可以直接在文本框中输入文字，如图 10-32 所示。

图 10-31 输入代码

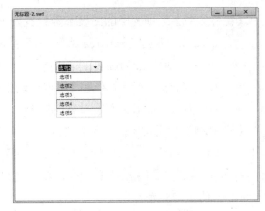

图 10-32 测试影片效果

⑩.2.5 使用文本区域组件

文本区域组件 TextArea 用于创建多行文本字段。例如，可以在表单中使用 TextAre 组件创建一个静态的注释文本，或者创建一个支持文本输入的文本框。

> **提示**
>
> 通过设置 HtmlText 属性可以使用 HTML 格式来设置 TextArea 组件，同时可以用星号遮蔽文本的形式创建密码字段。

在【组件】面板中选择文本区域组件 TextArea，将它拖动到舞台中即可创建一个文本区域组件的实例，如图 10-33 所示。选中文本区域组件实例后，在其【属性】面板中会显示【组件参数】选项卡，用户可以在此修改其参数，如图 10-34 所示。

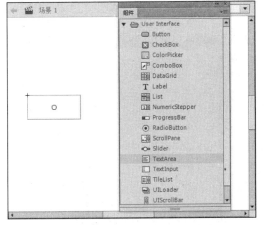

图 10-33 创建文本区域组件实例

图 10-34 设置组件参数

【组件参数】选项卡中的主要参数设置如下。

- ◉ editable：确定 TextArea 组件是否允许被编辑，默认值为 true，可编辑。
- ◉ text：指示 TextArea 组件的内容。
- ◉ wordWrap：指示文本是否可以自动换行，默认值为 true，可自动换行。
- ◉ htmlText：指示文本采用 HTML 格式，可以使用字体标签来设置文本格式。

【例 10-4】使用文本区域组件 TextArea 创建一个可交互的应用程序。

(1) 启动 Flash CC，选择【文件】|【新建】命令，新建一个 Flash 文档。

(2) 选择【窗口】|【组件】命令，打开【组件】面板，拖动两个文本区域组件 TextArea 到舞台中，如图 10-35 所示。

(3) 选中上方的 TextArea 组件，在其【属性】面板中，输入实例名称 "aTa"；选中下方的 TextArea 组件，输入实例名称为 bTa，如图 10-36 所示。

图 10-35　放置两个 TextArea 组件

图 10-36　输入实例名称

(4) 在时间轴上选中第 1 帧，然后打开【动作】面板输入代码，如图 10-37 所示。

(5) 按下 Ctrl+Enter 组合键，预览应用程序，并在文本框内输入数字和字母进行测试，效果如图 10-38 所示。

图 10-37　输入代码

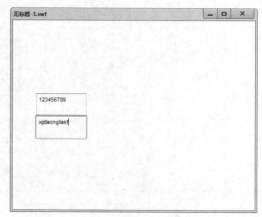

图 10-38　测试影片效果

10.2.6　使用进程栏组件

使用进程栏组件 ProgressBar 可以方便快速地创建出动画预载画面，即通常在打开 Flash 动画时见到的 Loading 界面。配合上标签组件 Label，还可以将加载进度显示为百分比。

在【组件】面板中选择进程栏组件 ProgressBar，将其拖动到舞台中后即可创建一个进程栏组件的实例，如图 10-39 所示。选中舞台中的进程栏组件实例后，其【属性】面板如图 10-40 所示。

图 10-39　创建进程栏组件实例

图 10-40　设置组件参数

【组件参数】选项卡中的主要参数作用如下。

- direction：用于指示进度蓝的填充方向。默认值为 right，向右。
- mode：用于设置进度栏运行的模式。这里的值可以是 event、polled 或 manual，默认为 event。
- source：是一个要转换为对象的字符串，它表示源的实例名称。
- text：输入进度条的名称。

【例 10-5】使用进程栏组件 ProgressBar 和 Label 组件创建一个可交互的应用程序。

(1) 启动 Flash CC，选择【文件】|【新建】命令，新建一个 Flash 文档。

(2) 选择【窗口】|【组件】命令，打开【组件】面板，拖动进程栏组件 ProgressBar 到舞台中，如图 10-41 所示。

(3) 选中 ProgressBar 组件，打开【属性】面板，在【实例名称】文本框中输入实例名称为 jd，如图 10-42 所示。

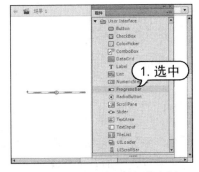

图 10-41　创建进程栏组件实例

图 10-42　输入名称

(4) 在【组件】面板中拖动一个 Label 组件到舞台 ProgressBar 组件的左上方，如图 10-43 所示。

(5) 在其【属性】面板输入实例名称为 bfb。在【组件参数】选项卡中将 text 参数的值清空，如图 10-44 所示。

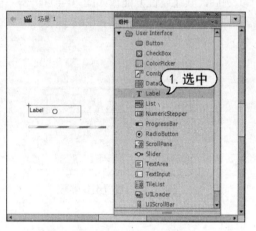

图 10-43　创建 Label 组件实例

图 10-44　输入名称并设置属性

(6) 在时间轴上选中第 1 帧，打开【动作】面板，输入代码，如图 10-45 所示。

(7) 按下 Ctrl+Enter 组合键测试动画效果，如图 10-46 所示。

图 10-45　输入代码

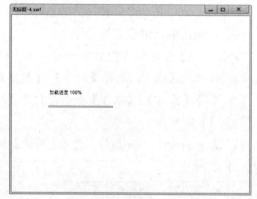

图 10-46　测试影片效果

⑩.2.7　使用滚动窗格组件

如果需要在 Flash 文档中创建一个能显示大量内容的区域，但又不能为此占用过大的舞台空间，就可以使用滚动窗格组件 ScrollPane。在 ScrollPane 组件中可以添加有垂直或水平滚动条的窗口，用户可以将影片剪辑、JPEG、PNG、GIF 或者 SWF 文件导入该窗口中。

在【组件】面板中选择滚动窗格组件 ScrollPane，将其拖动到舞台中即可创建一个滚动窗格组件的实例，如图 10-47 所示。选中舞台中的滚动窗格组件实例后，其【属性】面板如图 10-48 所示。

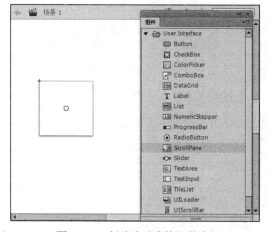

图 10-47　创建滚动窗格组件实例

图 10-48　设置组件参数

【组件参数】选项卡中的主要参数作用如下。

- horizontalLineScrollSize：用于指示每次单击箭头按钮时水平滚动条移动的像素值，默认值为 5。

- horizontalPageScrollSize：用于指示每次单击轨道时水平滚动条移动的像素值，默认值为 20。

- horizontalScrollPolicy：用于设置水平滚动条是否显示。

- scrollDrag：一个布尔值，用于确定当用户在滚动窗格中拖动内容时是否发生滚动。

- verticalLineScrollsize：用于指示每次单击箭头按钮时垂直滚动条移动的像素值，默认值为 5。

- verticalPageScrollSize：用于指示每次单击轨道时垂直滚动条移动的单位数，默认值为 20。

【例 10-6】使用滚动窗格组件 ScrollPane 创建一个可交互的应用程序。

(1) 启动 Flash CC，新建一个 Flash 文档。选择【窗口】|【组件】命令，打开【组件】面板，拖动滚动窗格组件 ScrollPane 到舞台中，如图 10-49 所示。

(2) 选中 ScrollPane 组件，打开【属性】面板。在【实例名称】文本框中输入实例名称为 aSp，如图 10-50 所示。

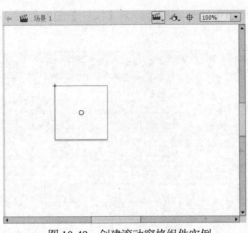

图 10-49　创建滚动窗格组件实例

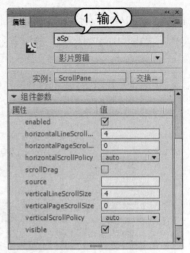

图 10-50　输入实例名称

(3) 在时间轴上选中第 1 帧，然后打开【动作】面板输入代码，如图 10-51 所示。

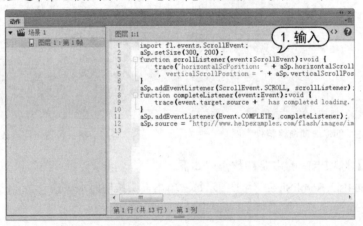

图 10-51　输入代码

(4) 按下 Ctrl+Enter 组合键预览效果，窗口中的图像能够根据用户的鼠标或键盘动作改变显示位置。另外，在打开的【输出】对话框中将会自动反映用户的动作，如图 10-52 所示。

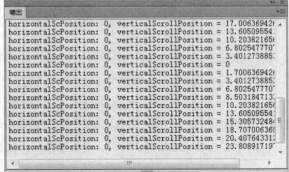

图 10-52　测试动画效果

10.2.8 使用数字微调组件

数字微调组件 NumericStepper 具有允许用户逐个通过一组经过排序的数字的功能。该组件由显示上、下三角按钮旁边的文本框中的数字组成。用户按下按钮时，数字将根据参数中指定的单位递增或递减，直到用户释放按钮或达到最大或最小值为止。

在【组件】面板中选择滚动窗格组件 NumericStepper，将其拖动到舞台中即可创建一个数字微调组件的实例，如图 10-53 所示。选中数字微调组件实例后，在其【属性】面板中会显示【组件参数】选项卡，用户可以在此修改其参数，如图 10-54 所示。

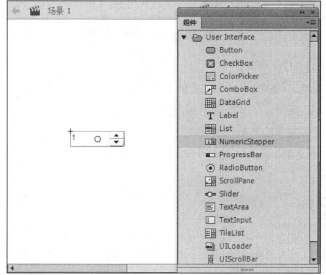
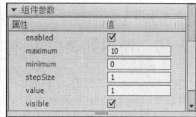

图 10-53　创建数字微调组件实例　　　　图 10-54　设置组件参数

其【组件参数】选项卡中的主要参数作用如下。

- maximum：设置可在步进器中显示的最大值，默认值为 10。
- minimum：设置可在步进器中显示的最小值，默认值为 0。
- stepSize：设置每次单击时步进器中增大或减小的单位，默认值为 1。
- value：设置在步进器的文本区域中显示的值，默认值为 0。

10.2.9 使用文本标签组件

文本标签组件 Label 是一行文本。用户可以指定一个标签的格式，也可以控制标签的对齐和大小。

在【组件】面板中选择滚动窗格组件 Label，将其拖动到舞台中即可创建一个数字微调组件的实例，如图 10-55 所示。选中文本标签组件实例后，在其【属性】面板中会显示【组件参数】选项卡，用户可以在此修改其参数，如图 10-56 所示。

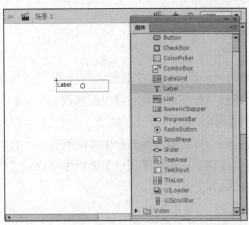 

图 10-55 创建文本标签组件实例　　　　　　　　图 10-56　设置组件参数

【组件参数】选项卡中的主要参数作用如下。

- autoSize：指示如何调整标签的大小并对齐标签以适合文本，默认值为 none。
- html：指示标签是否采用 HTML 格式，如果选中此复选框，则不能使用样式来设置标签的格式，但可以使用 font 标记将文本格式设置为 HTML。
- text：指示标签的文本，默认值是 Label。

10.2.10 使用列表框组件

列表框组件 List 和下拉列表框很相似，区别在于下拉列表框一开始就显示一行，而列表框则是显示多行。

在【组件】面板中选择列表框组件 List，将其拖动到舞台中即可创建一个数字微调组件的实例，如图 10-57 所示。选中列表框组件实例后，在其【属性】面板中会显示【组件参数】选项卡，用户可以在此修改其参数，如图 10-58 所示。

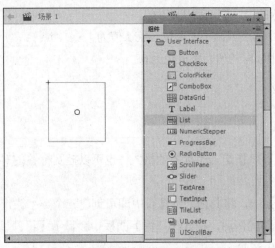 

图 10-57 创建列表框组件实例　　　　　　　　图 10-58 设置组件参数

【组件参数】选项卡中的主要参数作用如下。

- dataProvider：需要的数据在 data 中。
- horizontalLineScrollSize：用于指示每次单击箭头按钮时水平移动的像素值，默认值为4。
- horizontalPageScrollSize：用于指示每次单击轨道时水平移动的像素值，默认值为0。
- horizontalScrollPolicy：用于设置水平滚动是否显示。
- verticalLineScrollsize：用于指示每次单击箭头按钮时垂直移动的像素值，默认值为4。
- verticalPageScrollSize：用于指示每次单击轨道时垂直移动的单位数，默认值为0。

10.3　使用视频类组件

Flash CC 2015 的【组件】窗口中还包含了 Video 组件，即视频类组件。该组件主要用于控制导入到 Flash CC 2015 中的视频。

Flash CC 2015 的视频组件主要包括了使用视频播放器组件 FLVplayback 和一系列用于视频控制的按键组件。通过该组件，可以将视频播放器包含在 Flash 应用程序中，以便播放通过 HTTP 渐进式下载的 Flash 视频(FLV)文件。

将 Video 组件下的 FLVplayback 组件拖动到舞台中即可使用该组件，如图 10-59 所示。选中舞台中的视频组件实例后，在其【属性】面板中会显示【组件参数】选项卡，用户可以在此修改其参数，如图 10-60 所示。

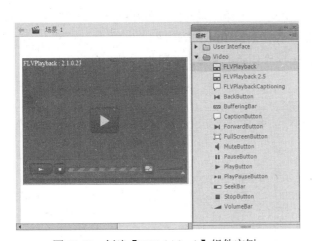

图 10-59　创建【FLVplayback】组件实例

图 10-60　设置组件参数

该【组件参数】选项卡中主要参数作用如下。

- autoplay：是一个用于确定 FLV 文件播放方式的布尔值。如果是 true，则该组件将在加载 FLV 文件后立即播放；如果是 false，则该组件会在加载第 1 帧后暂停。
- cuePoints：是一个描述 FLV 文件的提示点的字符串。

- isLive：是一个布尔值，用于指定 FLV 文件的实时加载流。
- skin：该参数用于打开【选择外观】对话框，用户可以在该对话框中选择组件的外观。
- skinAutoHide：一个布尔值，用于设置外观是否可以隐藏。
- volume：用于表示相对于最大音量的百分比的值，范围是 0~100。

【例 10-7】使用 FLVplayback 组件创建一个播放器。

(1) 启动 Flash CC 2015，选择【文件】|【新建】命令，新建一个 Flash 文档。

(2) 选择【窗口】|【组件】命令，打开【组件】面板，在 Video 组件列表中拖动 FLVPlayback 组件到舞台中央，如图 10-61 所示。

(3) 选中舞台中的组件，打开【属性】面板。单击 skin 选项右侧的 ⁄ 按钮，打开【选择外观】对话框，如图 10-62 所示。

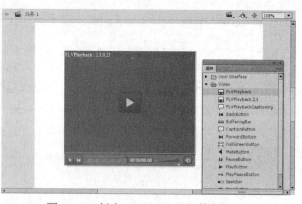

图 10-61　创建 FLVPlayback 组件实例

图 10-62　单击按钮

(4) 在该对话框中打开【外观】下拉列表框，选择所需的播放器外观；单击【颜色】按钮，选择所需控制条颜色，然后单击【确定】按钮，如图 10-63 所示。

(5) 返回【属性】面板，单击 source 选项右侧的 ⁄ 按钮，如图 10-64 所示。

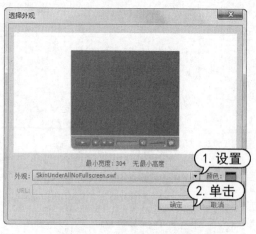

图 10-63　选择播放器外观

图 10-64　单击按钮

(6) 打开【内容路径】对话框，单击其中的 <img> 按钮，如图 10-65 所示。

(7) 打开【浏览源文件】对话框，选择视频文件，单击【打开】按钮，如图 10-66 所示。

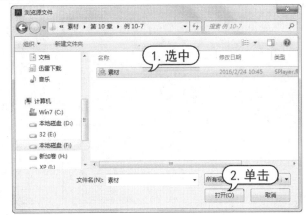

图 10-65　单击按钮　　　　　　　　　图 10-66　选择视频文件

(8) 返回【内容路径】对话框，选中【匹配源尺寸】复选框。然后单击【确定】按钮即可将视频文件导入组件，如图 10-67 所示。

(9) 选择【任意变形】工具可以调整播放器的大小和位置，按 Ctrl+Enter 组合键预览动画的效果，在播放时可通过播放器上的各按钮控制影片的播放，如图 10-68 所示。

图 10-67　选中【匹配源尺寸】复选框　　　　　　图 10-68　测试动画效果

10.4　上机练习

本章的上机练习主要是制作用户注册的界面，从而使用户更好地掌握 Flash CC 2015 的各类组件应用等相关内容。

(1) 启动 Flash CC 2015，选择【新建】|【文档】命令，新建一个文档。

(2) 将舞台尺寸设置为"300×240 像素"，然后使用【文本】工具输入有关注册信息的文本内容，如图 10-69 所示。

(3) 选择【窗口】|【组件】命令，打开【组件】面板。拖动 TextArea 组件到舞台中，选择【任意变形】工具，调整组件合适大小，如图 10-70 所示。

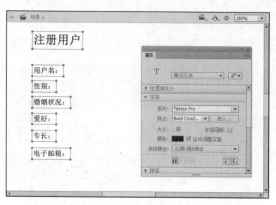

图 10-69　输入文本

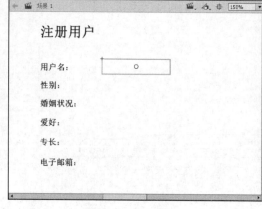

图 10-70　添加组件

(4) 使用相同方法，分别拖动 RadioButton、ComboBox、CheckBox 和 TextArea 组件到舞台中，然后在舞台中调整组件至合适大小，如图 10-71 所示。

(5) 选中文本内容"性别："右侧的第 1 个 RadioButton 组件，打开其【属性】面板。选中 selected 复选框，设置 label 参数为【男】，如图 10-72 所示。

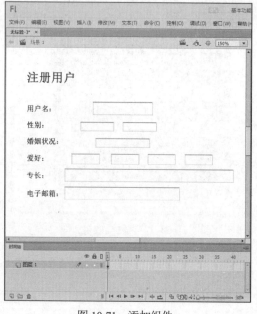

图 10-71　添加组件

图 10-72　设置参数

(6) 使用相同方法，设置另一个 RadioButton 组件的 label 参数为【女】，如图 10-73 所示。

(7) 选中 ComboBox 组件，打开其【属性】面板。在【实例名称】文本框中输入实例名称 hyzk。在【组件参数】选项卡中，设置 rowCount 参数为 2，如图 10-74 所示。

图 10-73 设置参数

图 10-74 设置参数

(8) 右击第 1 帧，在弹出的快捷菜单中选择【动作】命令，打开【动作】面板。输入代码，如图 10-75 所示。

(9) 分别选中文本内容"爱好:"右侧的 CheckBox 组件，设置 label 参数分别为【旅游】、【运动】、【阅读】和【唱歌】，如图 10-76 所示。

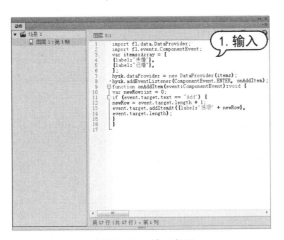

图 10-75 输入代码

图 10-76 设置参数

(10) 此时，完成组件的制作。选择【文件】|【保存】命令，打开【另存为】对话框，将其命名为"注册界面"，如图 10-77 所示。

计算机 基础与实训教材系列

(11) 按下 Ctrl+Enter 组合键，测试动画效果。可以在【用户名】后的文本框内输入名称，在【性别】单选按钮中选择选项，在【婚姻状况】下拉列表中选择选项，在【爱好】复选框中选择选项，在【专长】和【电子邮箱】文本框内输入文本内容，如图 10-78 所示。

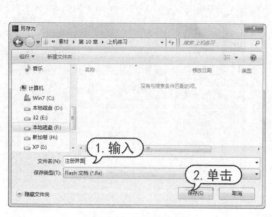

图 10-77　保存文档

图 10-78　测试动画效果

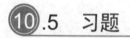 .5　习题

1. 简述组件的类型。
2. 新建文档，添加 UI 组件，制作问卷表。
3. 新建文档，添加视频组件，制作视频播放器。

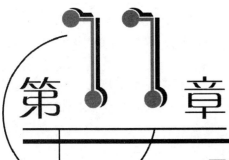

第11章

Flash 影片的后期处理

学习目标

　　制作完动画影片后，可以将 Flash 影片导出或发布。发布影片前对动画影片进行测试可以确保影片播放的准确率。对影片进行适当的优化处理，可以保证在不影响影片质量的前提下获得最快的影片播放速度。本章主要介绍测试、优化、发布、导出 Flash 影片的操作内容。

本章重点

- ◉ 测试影片
- ◉ 优化影片
- ◉ 发布影片
- ◉ 导出影片

11.1　测试 Flash 影片

　　测试影片可以确保影片播放的流畅，使用 Flash CC 2015 提供的一些优化影片和排除动作脚本故障的功能，可以对动画进行测试。

11.1.1　测试影片概述

　　在 Flash CC 2015 的集成环境中，提供了测试影片环境，可以在该环境进行一些比较简单的测试工作。

　　测试影片时主要应注意以下几点。

- 测试影片与测试场景实际上是产生 swf 文件，并将它放置在与编辑文件相同的目录下。如果测试文件运行正常，且希望将它用作最终文件，那么可将它保存在硬盘中，并加载到服务器上。

- 测试环境，可以选择【控制】|【测试影片】或【控制】|【测试场景】命令进行场景测试。虽然仍然是在 Flash 环境中，但界面已经改变，因为是测试环境而非编辑环境。

- 在测试影片期间，应当完整地观看作品并对场景中所有的互动元素进行测试，查看动画有无遗漏、错误或不合理。

在编辑 Flash 文档时，用户可以测试影片的以下内容。

- 测试按钮效果：选择【控制】|【启用简单按钮】命令，可以测试按钮动画在弹起、指针经过、按下，以及单击等状态下的外观，如图 11-1 所示。

- 测试添加到时间轴上的动画或声音：选择【控制】|【播放】命令，或者在时间轴面板上单击【播放】按钮，即可在编辑状态下查看时间轴上的动画效果或声音效果，如图 11-2 所示。

图 11-1　测试按钮

图 11-2　单击【播放】按钮

- 测试屏蔽动画声音：如果只想观看动画效果而不想听声音，可以选择【控制】|【静音】命令，然后再选择【控制】|【播放】命令测试动画效果。

- 循环播放动画：如果想多观看几次动画效果，可以选择【控制】|【循环播放】命令，然后再选择【控制】|【播放】命令测试动画效果。

- 播放所有场景：如果影片包含了多个场景，在测试时，可以先选择【控制】|【播放所有场景】命令，然后再选择【控制】|【播放】命令测试动画效果。此时，Flash 将按场景顺序播放所有场景。

⑪.1.2　测试影片和场景

　　Flash CC 自定义了测试影片和场景的选项，默认情况下完成测试会产生 SWF 文件。此文件会自动存放在当前编辑文件相同的目录中。

1. 测试影片

要测试整个动画影片，可以选择【控制】|【调试】命令，或者按 Ctrl+Enter 组合键进入调试窗口，进行动画测试。Flash 将自动导出当前动画，弹出新窗口播放动画，如图 11-3 所示。

2. 测试场景

要测试当前场景，可以选择【控制】|【测试场景】命令。Flash 将自动导出当前动画的当前场景。用户可在打开的新窗口中进行动画测试，如图 11-4 所示。

图 11-3　测试影片　　　　　　　　　　　　图 11-4　测试场景

完成对当前影片或场景的测试后，系统会自动在当前编辑文件所在文件目录中生成测试文件(SWF 格式)。

例如，若对【多场景动画】文件进行了影片和【场景 2】的测试，则会在【多场景动画.fla】文件所在的文件夹中，增添有【多场景动画.swf】的影片测试文件和【多场景动画_场景 2.swf】的场景测试文件，如图 11-5 所示。

图 11-5　生成测试文件

> **提示**
>
> 　　如果 Flash 中包含有 ActionScript 语言，则要选择【调试】|【调试影片】|【在 Flash Professional 中】命令，进入调试窗口测试。否则会弹出对话框提示用户无法进行调试。

⑪.2　优化 Flash 影片

优化影片主要是为了缩短影片的下载和回放时间。影片的下载和回放时间与影片文件的大小成正比。

⑪.2.1　优化文档元素

在发布影片时，Flash 会自动对影片进行优化处理。在导出影片之前，可以在总体上优化影片，还可以优化元素、文本以及颜色等。

1. 优化影片整体

对于整个影片文档，用户可以对其进行整体优化，主要有以下几种方式。

- 对于重复使用的元素，应尽量使用元件、动画或者其他对象。
- 在制作动画时，应尽量使用补间动画形式。
- 对于动画序列，最好使用影片剪辑而不是图形元件。
- 限制每个关键帧中的改变区域，在尽可能小的区域中执行动作。
- 避免使用动画位图元素，或使用位图图像作为背景或静态元素。
- 尽可能使用 MP3 这种占用空间小的声音格式。

2. 优化元素和线条

优化元素和线条的方法有以下几种。

- 尽量将元素组合在一起。
- 对于随动画过程改变的元素和不随动画过程改变的元素，可以使用不同的图层分开。
- 使用【优化】命令，减少线条中分隔线段的数量。
- 尽可能少地使用诸如虚线、点状线、锯齿状线之类的特殊线条。
- 尽量使用【铅笔】工具绘制线条。

3. 优化文本和字体

优化文本和字体的方法有以下几种。

- 尽可能使用同一种字体和字形，减少嵌入字体的使用。
- 对于【嵌入字体】选项只选中需要的字符，不要包括所有字体。

4. 优化颜色

优化颜色的方法有以下几种。

- 使用【颜色】面板，匹配影片的颜色调色板与浏览器专用的调色板。
- 减少渐变色的使用。
- 减少 Alpha 透明度的使用，会减慢影片回放的速度。

5. 优化动作脚本

优化动作脚本的方法有以下几种。

- 在【发布设置】对话框的 Flash 选项卡中，选中【省略 trace 语句】复选框，如图 11-6 所示。这样在发布影片时就不使用 trace 动作。

- 定义经常重复使用的代码为函数。
- 尽量使用本地变量。

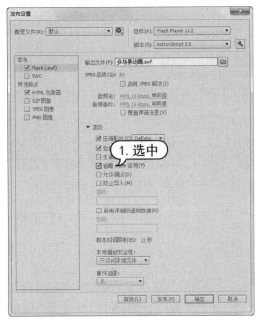

提示

可以根据优化影片的一些方法，在制作动画过程中就进行一些优化操作。例如，尽量使用补间动画，尽量组合元素等。但在进行这些优化操作时，都应以不影响影片质量为前提。

图 11-6　选中【省略 trace 语句】复选框

11.2.2　优化动画性能

在制作 Flash 动画的过程中，有些因素会影响动画的性能。用户可根据实际条件，对这些因素进行最佳选择以优化动画性能。

1. 使用位图缓存

在以下情况下使用位图缓存，可以优化动画性能。

- 在滚动文本字段中显示大量文本时，将文本字段放置在滚动框设置为可滚动的影片剪辑中，能够加快指定实例的像素滚动。
- 包含矢量数据的复杂背景图像时，可以将内容存储在硬盘剪辑中。然后将 opaqueBackground 属性设置为 true，背景将呈现为位图。从而实现迅速重新绘制，更快地播放动画。

2. 使用滤镜

在文档中使用太多滤镜，会占用大量内存，从而影响动画性能。如果出现内存不足的错误，会出现以下情况。

- 忽略滤镜数组。
- 使用常规矢量渲染器绘制影片剪辑。
- 影片剪辑不缓存任何位图。

3. 使用运行时共享库

用户可以使用运行时共享库来缩短下载时间。对于较大的应用程序使用相同的组件或元件时，这些库通常是必需的。库将放在用户电脑的缓存中，所有后续 SWF 文件将使用该库。对于较大的应用程序，这一过程可以快速缩短下载时间。

⑪.3　发布 Flash 影片

Flash CC 2015 制作的动画为 FLA 格式。在默认情况下，使用【发布】命令可创建 SWF 文件，以及将 Flash 影片插入浏览器窗口所需的 HTML 文档中。Flash CC 还提供了多种其他发布格式，可以根据需要选择发布格式并设置发布参数。

⑪.3.1　发布设置

计算机基础与实训教材系列

在发布 Flash 文档之前，首先需要确定发布的格式并设置该格式的发布参数才可进行发布。在发布 Flash 文档时，最好先为要发布的 Flash 文档创建一个文件夹，将要发布的 Flash 文档保存在该文件夹中；然后选择【文件】|【发布设置】命令，打开【发布设置】对话框，如图 11-7 所示。

在【发布设置】对话框中提供了多种发布格式。当选择了某种发布格式后，若该格式包含参数设置，则会显示相应的格式选项卡。用于设置其发布格式的参数，如图 11-8 所示。

 提示

在默认情况下，Flash(.swf)和【HTML 包装器】复选框处于选中状态。这是因为在浏览器中显示 SWF 文件，需要相应的 HTML 文件支持。

图 11-7　【发布设置】对话框

图 11-8　多种发布格式

默认情况下，在发布影片时会使用文档原有的名称、如果需要命名新的名称，可在【输出文件】文本框中输入新的文件名。不同格式文件的扩展名不同，在自定义文件名的时候，应注意不要修改扩展名，如图 11-9 所示。

完成基本的发布设置后，单击【确定】按钮，可保存设置但不进行发布。选择【文件】|【发布】菜单命令，或按 Shift+F12 组合键，或直接单击【发布】按钮，Flash CC 2015 会将动画文件发布到源文件所在的文件夹中。如果在更改文件名时设定了存储路径，Flash CC 2015 会将文件发布到该路径所指向的文件夹中，如图 11-10 所示。

图 11-9　输入新文件名　　　　　　　　　图 11-10　单击【发布】按钮

11.3.2　设置 Flash 发布格式

SWF 动画格式是 Flash CC 2015 自身的动画格式，也是输出动画的默认形式。在输出动画的时候，选中 Flash 复选框出现其选项卡。单击 Flash 选项卡里的【高级】按钮，可以设定 SWF 动画的高级选项参数，如图 11-11 所示。

图 11-11　展开【高级】选项

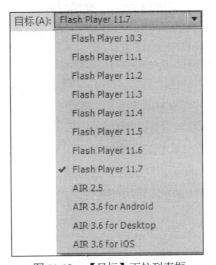

图 11-12　【目标】下拉列表框

Flash 选项卡中的主要参数选项具体作用如下。

- 【目标】下拉列表框：可以选择所输出的 Flash 动画的版本，范围包括从 Flash 10.3~11.7 和 AIR 系列，如图 11-12 所示。因为 Flash 动画的播放是靠插件支持的，如果用户系统中没有安装高版本的插件，那么使用高版本输出的 Flash 动画在此系统中不能被正确地播放。如果使用低版本输出，那么 Flash 动画所有的新增功能将无法正确地运行。所以，除非有必要，否则一般不提倡使用低版本输出 Flash 动画。

- 【高级】选项区域：该项目主要包括一组复选框。选中【防止导入】复选框可以有效地防止所生成的动画文件被其他人非法导入到新的动画文件中继续编辑。在选中此项后，对话框中的【密码】文本框被激活，在其中可以加入导入此动画文件时所需要的密码。以后当文件被导入时，就会要求输入正确的密码。选中【压缩影片】复选框后，在发布动画时对视频进行压缩处理，使文件便于在网络上快速传输。选中【允许调试】复选框后允许在 Flash CC 的外部跟踪动画文件，而且对话框的密码文本框也被激活，可以在此设置密码。选中【包括隐藏图层】复选框，可以将 Flash 动画中的隐藏层导出。在【脚本时间限制】文本框内可以输入需要的数值，用于限制脚本的运行时间。
- 【JPEG 品质】选项：调整【JPEG 品质】数值，可以设置位图文件在 Flash 动画中的 JPEG 压缩比例和画质，如图 11-13 所示。用户可以根据动画的用途在文件大小和画面质量之间选择一个折中的方案。
- 【音频流】和【音频事件】选项：可以为影片中所有的音频流或事件声音设置采样率、压缩比特率和品质，如图 11-14 所示。

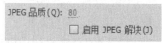

图 11-13 【JPEG 品质】选项　　　图 11-14 【音频流】和【音频事件】选项

11.3.3 设置 HTML 发布格式

在默认情况下，HTML 文档格式是随 Flash 文档格式一同发布的。要在 Web 浏览器中播放 Flash 电影，则必须创建 HTML 文档、激活电影和指定浏览器设置。选中【HTML 包装器】复选框，即可打开 HTML 选项卡，如图 11-15 所示。

其中各参数设置选项功能如下。

- 【模板】下拉列表框：用来选择一个已安装的模板。单击【信息】按钮，可显示所选模板的说明信息。在相应的下拉列表中，选择要使用的设计模板。这些模板文件均位于 Flash 应用程序文件夹的 HTML 文件夹中，如图 11-16 所示。

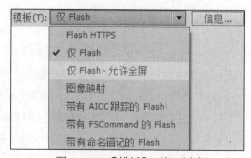

图 11-15 HTML 选项卡　　　图 11-16 【模板】下拉列表框

- 【检测 Flash 版本】复选框：用来检测打开当前影片所需要的最低 Flash 版本。选中该复选框后，【版本】选项区域中的两个文本框将处于可输入状态。用户可以在其中输入代表版本序号的数字，如图 11-17 所示。

- 【大小】下拉列表框：可以设置影片的宽度和高度属性值。选择【匹配影片】选项后，将浏览器中的尺寸设置与电影等大，该选项为默认值；选择【像素】选项后，允许在【宽】和【高】文本框中输入像素值；选择【百分比】选项后，允许设置和浏览器窗口相对大小的电影尺寸，用户可在【宽】和【高】文本框中输入数值确定百分比，如图 11-18 所示。

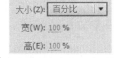

图 11-17　【检测 Flash 版本】复选框　　　　图 11-18　【大小】下拉列表框

- 【播放】选项区域：可以设置循环、显示菜单和设计字体参数。选中【开始时暂停】复选框后，电影只有在访问者启动时才播放。访问者可以通过单击电影中的按钮或右击后，在其快捷菜单中选择【播放】命令来启动电影。在默认情况下，该选项被关闭，这样电影载入后立即可以开始播放。选中【循环】复选框后，电影在到达结尾后又从头开始播放。清除该选项将使电影在到达末帧后停止播放。在默认情况下，该选项是选中的。选中【显示菜单】复选框后，用户在浏览器中右击后，可以看到快捷菜单。在默认情况下，该选项被选中。选中【设备字体】复选框后，将替换用户系统中未安装的保真系统字体。该选项在默认情况下为关闭，如图 11-19 所示。

- 【品质】下拉列表框：可在处理时间与应用消除锯齿功能之间确定一个平衡点，从而在将每一帧呈现给观众之前对其进行平滑处理。选择【低】选项，将主要考虑回放速度，而基本不考虑外观，并且从不使用消除锯齿功能；选择【自动降低】选项将主要强调速度，但也会尽可能改善外观；选择【自动升高】选项，会在开始时同等强调回放速度和外观，但在必要时会牺牲外观来保证回放速度，在回放开始时消除锯齿功能处于打开状态；选择【中】选项可运用一些消除锯齿功能，但不会平滑位图；选择【高】选项将主要考虑外观，而基本不考虑回放速度，并且始终使用消除锯齿功能；选择【最佳】选项可提供最佳的显示品质，但不考虑回放速度；选择【最佳】选项，所有的输出都已消除锯齿，并始终对位图进行平滑处理，如图 11-20 所示。

图 11-19　【播放】选项区域　　　　　　图 11-20　【品质】下拉列表框

- 【窗口模式】下拉列表框：在该下拉列表框中，允许使用透明电影等特性。该选项只有在具有 Flash ActiveX 控件的 Internet Explorer 中有效。选择【窗口】选项，可在网页上的矩形窗口中以最快速度播放动画；选择【不透明无窗口】选项，可以移动 Flash 影片后面的元素(如动态 HTML)，以防止它们透明；选择【透明无窗口】选项，将显示该影片所在的 HTML 页面的背景，透过影片的所有透明区域都可以看到该背景，但是这样将减慢动画；选择【直接】选项，可以直接播放动画，如图 11-21 所示。

- 【HTML 对齐】下拉列表框：在该下拉列表框中，可以通过设置对齐属性来决定 Flash 电影窗口在浏览器中的定位方式，确定 Flash 影片在浏览器窗口中的位置。选择【默认】选项，可以使影片在浏览器窗口内居中显示；选择【左对齐】、【右对齐】、【顶端】或【底边】选项，会使影片与浏览器窗口的相应边缘对齐，如图 11-22 所示。

图 11-21 【窗口模式】下拉列表框　　　图 11-22 【HTML 对齐】下拉列表框

- 【Flash 对齐】选项区域：可以通过【Flash 水平对齐】和【Flash 垂直对齐】下拉列表框设置如何在影片窗口内放置影片，以及在必要时如何裁剪影片的边缘，如图 11-23 所示。

- 【显示警告消息】复选框：用来在标记设置发生冲突时显示错误消息。例如，在某个模板的代码引用了尚未制定的替代图像时，可显示错误信息。如图 11-24 所示。

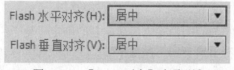 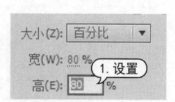

图 11-23 【Flash 对齐】选项区域　　　图 11-24 【显示警告消息】复选框

【例 11-1】打开一个文档，将其以 HTML 格式进行发布预览。

(1) 启动 Flash CC 2015，打开"蝴蝶飞舞"文档。

(2) 选择【文件】|【发布设置】命令，打开【发布设置】对话框。选中左侧列表框中的【HTML 包装器】复选框，如图 11-25 所示。

(3) 右侧显示设置选项，选择【大小】下拉列表框内的【百分比】选项，设置【宽】和【高】的百分比值均为 80%，如图 11-26 所示。

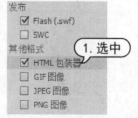

图 11-25 选中【HTML 包装器】复选框

图 11-26 设置大小、宽和高

(4) 取消选中【显示菜单】复选框，在【品质】下拉列表框内选择【高】选项。在【窗口模式】下拉列表中，选择【窗口】模式，如图 11-27 所示。

(5) 在【缩放和对齐】选项区域中保持默认选项，然后在【输出文件】文本框内输入发布文件的路径，如图 11-28 所示。

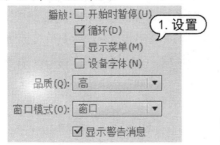

图 11-27　设置属性　　　　　　　　　　图 11-28　输入发布文件的路径

(6) 单击【发布】按钮，然后单击【确定】按钮，如图 11-29 所示。

(7) 打开发布网页文件的目录，双击打开该 HTML 格式文件，预览效果，如图 11-30 所示。

图 11-29　单击按钮　　　　　　　　　　图 11-30　打开 HTML 格式文件

11.3.4　设置 GIF 发布格式

GIF 是一种输出 Flash 动画较方便的方法，选择【发布设置】对话框中的【GIF 图像】复选框，打开 GIF 选项卡。在其选项卡里可以设定 GIF 格式输出的相关参数，如图 11-31 所示。

图 11-31　GIF 选项卡

在 GIF 选项卡中，主要参数选项的具体作用如下。

⦿ 【大小】选项区域：设定动画的尺寸。既可以使用【匹配影片】复选框进行默认设置，也可以自定义影片的宽与高，单位为像素，如图 11-32 所示。

⦿ 【播放】选项区域：该选项用于控制动画的播放效果。选择【静态】选项后导出的动画为静止状态。选择【动画】选项可以导出连续播放的动画。此时，如果选中右侧的【不断循环】单选按钮，动画可以一直循环播放；如果选中【重复次数】单选按钮，并在旁边的文本框中输入播放次数，可以让动画循环播放，当达到播放次数后，动画就停止播放；选中【平滑】复选框，可以让动画以取消锯齿显示，如图 11-33 所示。

图 11-32　【大小】选项区域

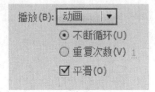

图 11-33　【播放】选项区域

⑪.3.5　设置 JPEG 发布格式

使用 JPEG 格式可以输出高压缩的 24 位图像。通常情况下，GIF 更适合于导出图形，而 JPEG 则更适合于导出图像。选中【发布设置】对话框中的【JPEG 图像】复选框，将会显示 JPEG 选项卡，如图 11-34 所示。

其中各参数设置选项功能如下。

⦿ 【大小】选项区域：可设置所创建的 JPEG 文件在垂直和水平方向的大小，单位是像素，如图 11-35 所示。

图 11-34　JPEG 选项卡

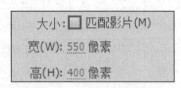

图 11-35　【大小】选项区域

⦿ 【匹配影片】复选框：选中后将创建一个与【文档属性】框中的设置有着相同大小的 JPEG 文件，且【宽】和【高】文本框不再可用。

⦿ 【品质】文本框：可设置应用在导出的 JPEG 文件中的压缩量。设置 0 将以最低的视觉量导出 JPEG 文件，此时图像文件体积最小；设置 100 将以最高的视觉质量导出 JPEG 文件，此时文件的体积最大。

⦿ 【渐进】复选框：当 JPEG 文件以较慢的连接速度下载时，此选项将使它逐渐清晰地显示在舞台上。

⑪.3.6　设置 PNG 发布格式

PNG 格式是 Macromedia Fireworks 的默认文件格式。作为 Flash 中的最佳图像格式，PNG 格式也是唯一支持透明度的跨平台位图格式。如果没有特别指定，Flash 将导出影片中的首帧作为 PNG 图像。选中【发布设置】对话框中的【PNG 图像】复选框，打开 PNG 选项卡，如图 11-36 所示。

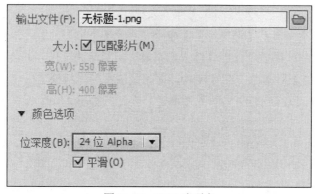

图 11-36　PNG 选项卡

其中各参数设置选项功能如下。

- 【大小】选项区域：可以设置导入的位图图像的大小。
- 【匹配影片】复选框：选中后将创建一个与【文档属性】框中的设置有着相同大小的 PNG 文件，且【宽】和【高】文本框不再可用。
- 【位深度】下拉列表框：可以指定在创建图像时，每个像素所用的位素。图像位素决定用于图像中的颜色数。对于 256 色图像来说，可以选择【8 位】选项。如果要使用数千种颜色，要选【24 位】选项。如果颜色数超过数千种，还要求有透明度，则要选择【24 位 Alpha】选项。位数越高，则文件越大，如图 11-37 所示。
- 【平滑】复选框：选择【平滑】复选框可以减少位图的锯齿，使画面质量提高，但是平滑处理后会增大文件的大小，如图 11-38 所示。

图 11-37　【位深度】下拉列表框

图 11-38　【平滑】复选框

⑪.4　导出 Flash 影片

在 Flash CC 2015 中导出影片，可以创建能够在其他应用程序中进行编辑的内容，并将影片直接导出为单一的格式。导出图像则可以将 Flash 图像导出为动态图像和静态图像。

(11).4.1 导出影片

导出影片无须对背景音乐、图形格式以及颜色等进行单独设置。它可以把当前的 Flash 动画的全部内容导出为 Flash 支持的文件格式。要导出影片，可以选择【文件】|【导出】|【导出影片】命令，打开【导出影片】对话框。然后选择保存的文件类型和保存目录即可。

【例 11-2】打开一个文档，将该文档导出为 GIF 动画格式。

(1) 启动 Flash CC 2015，打开"蝴蝶飞舞"文档。

(2) 选择【文件】|【导出】|【导出影片】命令，打开【导出影片】对话框。选择【保存类型】为【GIF 动画】格式选项。设置导出影片路径和名称，然后单击【保存】按钮，如图 11-39 所示。

(3) 打开【导出 GIF】对话框，应用该对话框的默认参数选项设置(如果导出的影片包含声音文件，还可以设置声音文件的格式)。单击【确定】按钮，如图 11-40 所示。

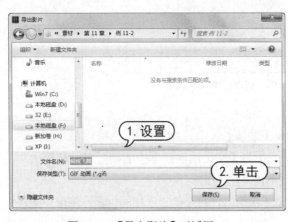

图 11-39 【导出影片】对话框

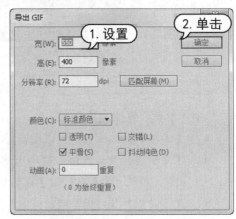

图 11-40 【导出 GIF】对话框

(4) 系统会打开【正在导出 GIF 动画】对话框，显示导出影片进度，如图 11-41 所示。

(5) 完成导出影片进度后，找到保存目录下的【蝴蝶飞舞.gif】文件，双击可以将其打开，如图 11-42 所示。

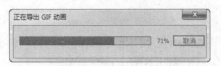

图 11-41 显示导出影片进度

图 11-42 打开 GIF 文件

11.4.2　导出图像

Flash CC 2015 可以将文档中的图像导出为动态图像和静态图像。一般导出的动态图像可选择 GIF 格式，导出的静态图像可选择 JPEG 格式。

1. 导出动态图像

如果要导出 GIF 动态图像，可以选择【文件】|【导出】|【导出图像】命令，打开【导出图像】对话框。在【保存类型】下拉列表中，选择【GIF 图像】格式选项，然后选择文件的保存路径，输入文件名称，单击【保存】按钮，如图 11-43 所示。

打开【导出 GIF】对话框，在该对话框中设置相关参数。单击【确定】按钮即可完成 GIF 动画图像的导出，如图 11-44 所示。

图 11-43　【导出图像】对话框

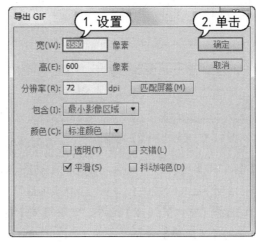

图 11-44　【导出 GIF】对话框

其对话框中各参数的作用如下。

- ⊙ 【宽】和【高】：GIF 动画的高和宽大小。
- ⊙ 【分辨率】：GIF 动画的分辨率。单击【匹配屏幕】按钮可以设置符合屏幕的分辨率。
- ⊙ 【包含】：可以选择【最小影像区域】和【完整文档大小】选项。
- ⊙ 【颜色】：设置 GIF 动画的颜色。默认选择 256 色【标准颜色】选项，颜色越多，图像越清楚，文件也会变大。
- ⊙ 【透明】：去除文档背景颜色。
- ⊙ 【交错】：交错图像会在网络查看中迅速以低分辨率出现，然后在下载过程中过渡到高分辨率。
- ⊙ 【平滑】：消除图像锯齿。
- ⊙ 【抖动纯色】：补偿当前色板中没有的颜色。

2. 导出静态图像

如果要导出静态图像,可以选择【文件】|【导出】|【导出图像】命令,打开【导出图像】对话框。在【保存类型】下拉列表中,选择【JPEG 图像】格式选项,然后选择文件的保存路径,输入文件名称,单击【保存】按钮,如图 11-45 所示。

打开【导出 JPEG】对话框,设置参数后单击【确定】按钮即可完成导出位图,如图 11-46 所示。

图 11-45 【导出图像】对话框

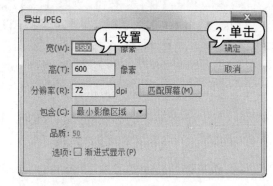

图 11-46 【导出 JPEG】对话框

【例 11-3】打开一个文档,将文档中的图形导出为 JPEG 格式。

(1) 启动 Flash CC 2015,打开"蝴蝶飞舞"文档。

(2) 选择【窗口】|【库】命令,打开【库】面板。右击【蝴蝶】影片剪辑元件,在弹出的快捷菜单中选择【编辑】命令,如图 11-47 所示。

(3) 进入元件编辑窗口,选中蝴蝶图像,选择【文件】|【导出】|【导出图像】命令。打开【导出图像】对话框,设置文件保存路径,将其命名为"蝴蝶"。设置保存类型为【JPEG 图像】格式,然后单击【保存】按钮,如图 11-48 所示。

图 11-47 选择【编辑】命令

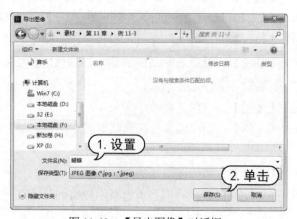

图 11-48 【导出图像】对话框

（4）系统会打开【导出 JPEG】对话框，在【分辨率】文本框内输入 300，单击【确定】按钮，如图 11-49 所示。

（5）在保存目录中可以显示保存好的【蝴蝶.jpg】格式的图片文件，双击可以打开该图片，如图 11-50 所示。

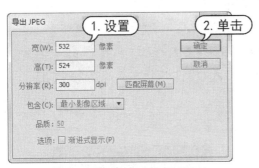

图 11-49　【导出 JPEG】对话框

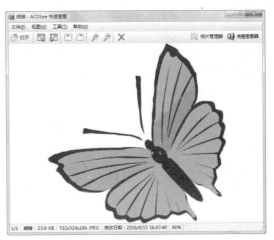

图 11-50　打开 JPEG 图片

11.5　上机练习

本章的上机练习主要是将文档以 GIF 格式进行发布以及导出为影片和图片的例子，从而使用户能够更好地掌握和理解本章的相关知识。

11.5.1　发布 GIF

（1）启动 Flash CC 2015，打开【变幻图案】文档，如图 11-51 所示。

（2）选择【文件】|【发布设置】命令，打开【发布设置】对话框。选中左侧列表框中的【GIF 图像】复选框，如图 11-52 所示。

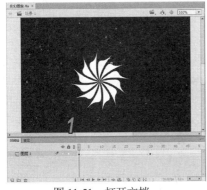

图 11-51　打开文档

图 11-52　选中【GIF 图像】复选框

(3) 在【播放】选项区域内，选中【动画】选项。然后选中【重复次数】单选按钮，将其设置为 5 次。选中【平滑】复选框，如图 11-53 所示。

(4) 单击【输出文件】选项后面的 按钮，打开【选择发布目标】对话框，设置 GIF 文件的名称和位置，加以保存，如图 11-54 所示。

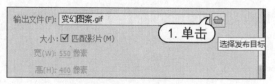

图 11-53　设置动画选项　　　　　　　　　　　图 11-54　单击按钮

(5) 单击【发布】按钮和【确定】按钮，关闭【发布设置】对话框，如图 11-55 所示。

(6) 在保存目录中可以显示保存好的【变幻.gif】格式的图片文件。双击打开该文件，显示 GIF 文件的动画效果，如图 11-56 所示。

图 11-55　单击按钮　　　　　　　　　　图 11-56　打开 GIF 文件

11.5.2　导出影片和图片

(1) 启动 Flash CC 2015，打开"男孩走路动画"文档，如图 11-57 所示。

(2) 选择【文件】|【导出】|【导出影片】命令，打开【导出影片】对话框。选择【保存类型】为【GIF 动画】格式选项。设置导出影片路径和名称，然后单击【保存】按钮，如图 11-58 所示。

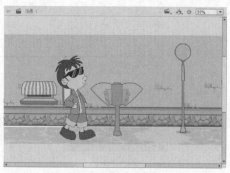

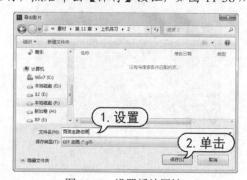

图 11-57　打开文档　　　　　　　　　　图 11-58　设置播放属性

(3) 打开【导出 GIF】对话框，应用该对话框的默认参数选项设置(如果导出的影片包含声音文件，还可以设置声音文件的格式)，单击【确定】按钮，如图 11-59 所示。

(4) 系统会打开【正在导出 GIF 动画】对话框，显示导出影片进度，如图 11-60 所示。

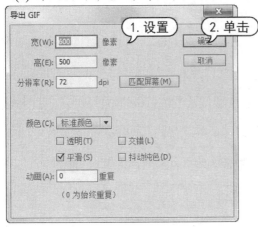

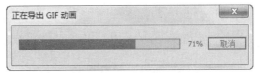

图 11-59 【导出 GIF】对话框   图 11-60 导出进度

(5) 完成导出影片进度后，找到保存目录下的【男孩走路.gif】图片文件，双击可以将其打开，如图 11-61 所示。

(6) 选择【窗口】|【库】命令，打开【库】面板。右击【男孩走路】影片剪辑元件，在弹出的快捷菜单中选择【编辑】命令，如图 11-62 所示。

图 11-61 打开 GIF 文件   图 11-62 选择【编辑】命令

(7) 进入元件编辑窗口，选中男孩图像。选择【文件】|【导出】|【导出图像】命令，打开【导出图像】对话框。设置文件保存路径，命名为"男孩"，设置保存类型为【JPEG 图像】格式，然后单击【保存】按钮，如图 11-63 所示。

(8) 打开【导出 JPEG】对话框，在【分辨率】文本框里输入 300，单击【确定】按钮，如图 11-64 所示。

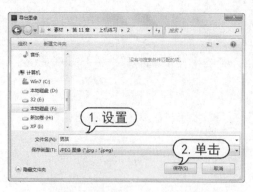

图 11-63　【导出图像】对话框　　　　　图 11-64　【导出 JPEG】对话框

(9) 在保存目录中可以显示保存好的【男孩.jpg】格式的图片文件，如图 11-65 所示。

(10) 双击可以打开该图片，查看 JPG 格式图片，如图 11-66 所示。

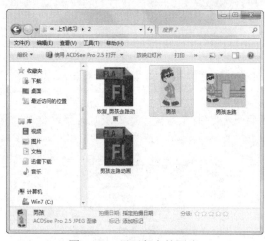

图 11-65　显示保存的图片　　　　　　图 11-66　打开 JPG 文件

11.6　习题

1. 简述如何优化 Flash 影片。

2. 如何将 Flash 影片文档中的图片导出为 PNG 格式？

3. 创建一个 Flash 影片，然后将其导出为 HTML 文件格式。